AI短视频生成与制作从入门到精通

楚 天 编著

清華大學出版社
北 京

内容简介

本书为AI短视频的入门指南与实战教程，介绍了AI短视频的生成与制作。书中内容分为两条线：一是技能线，讲解了ChatGPT创作视频文案、文心一格与Midjourney生成视频素材的操作技巧，文本生成视频、图片生成视频和视频生成视频3种AI视频的制作方法，腾讯智影、一帧秒创、Premiere、剪映电脑版的AI视频处理与剪辑功能的使用方法；二是案例线，安排了虚拟形象视频、数字人出镜视频、知识培训视频和主图视频4类热门的AI短视频案例，帮助读者融会贯通所学知识，将AI短视频应用到实际的工作和生活中。

本书适合以下读者：AI短视频爱好者、摄影师；短视频博主、自媒体创作者、电商行业从业者；影视、艺术、设计等专业的学生。

图书在版编目(CIP)数据

AI短视频生成与制作从入门到精通 / 楚天编著. —北京：清华大学出版社，2023.9
ISBN 978-7-302-64565-8

Ⅰ.①A… Ⅱ.①楚… Ⅲ.①视频制作 Ⅳ.①TN948.4

中国国家版本馆CIP数据核字(2023)第169259号

责任编辑：李　磊
封面设计：杨　曦
版式设计：孔祥峰
责任校对：成凤进
责任印制：杨　艳

出版发行：清华大学出版社
网　　址：http://www.tup.com.cn，http://www.wqbook.com
地　　址：北京清华大学学研大厦A座　　邮　　编：100084
社 总 机：010-83470000　　邮　　购：010-62786544
投稿与读者服务：010-62776969，c-service@tup.tsinghua.edu.cn
质 量 反 馈：010-62772015，zhiliang@tup.tsinghua.edu.cn
印 装 者：小森印刷霸州有限公司
经　　销：全国新华书店
开　　本：170mm×240mm　　印　　张：13.5　　字　　数：293千字
版　　次：2023年10月第1版　　印　　次：2023年10月第1次印刷
定　　价：99.00元

产品编号：102861-01

前言

AI 技术的迅猛发展，使得各行各业都迎来了新的机遇和挑战，短视频行业更是发生了颠覆性的变化。以前，要制作一个短视频，我们需要构思文案、准备素材并手动完成作品剪辑。而现在，AI 的强大生产力使原本复杂的制作短视频的工作变得简单、轻松，只需一段 AI 生成的文案、几张 AI 绘制的图片或几段视频素材，就能够一键生成短视频，创作效率得到了极大提升。

如今，我国在加快建设现代化产业体系，构建人工智能等一批新的增长引擎，加快发展数字经济，促进数字经济和实体经济的深度融合，以中国式现代化全面推进中华民族伟大复兴。而在这场 AI 浪潮中，我们只有主动去学习并掌握相关的技术，才能找到新的发展机会，也才能为我国科技创新、坚持创造、建设社会主义现代化科技强国的目标做出贡献。

本书分 3 篇共 13 章，内容围绕 AI 短视频的生成、制作和应用 3 个方面，具体内容如下。

AI视频生成篇

AI 视频生成篇，主要介绍了 AI 文本、图片和视频生成的操作技巧，帮助读者掌握基础的 AI 创作方法。

(1) AI 文本创作：第 1 章介绍了 ChatGPT 的使用技巧和运用 ChatGPT 生成脚本文案的操作方法，并安排了 5 种热门的短视频文案生成实战演示。

(2) AI 素材生成：第 2 章介绍了使用文心一格和 Midjourney 生成视频所需的图片素材和具体的操作方法。

(3) AI 视频创作：第 3 ~ 5 章分别介绍了使用文本生成视频、使用图片生成视频和使用视频生成视频的操作技巧。

AI视频制作篇

AI 视频制作篇，主要介绍了一些实用的 AI 视频处理功能和基础剪辑功能的使用方法，帮助读者轻松完成视频的智能处理与剪辑。

(1) AI 视频处理：第 6 ~ 8 章分别介绍了腾讯智影、一帧秒创和 Premiere 的 AI 视频编辑功能的使用方法。

(2) 基础剪辑技巧：第 9 章介绍了剪映电脑版的 5 个视频剪辑功能的使用技巧和 3 种特效制作的操作方法。

AI视频应用篇

AI 视频应用篇，主要通过 4 个综合案例，介绍 AI 短视频在生活和工作中的实际运用。

(1) AI 虚拟形象：第 10 章介绍了用必剪 App 制作虚拟形象音乐短片的操作方法。

(2) AI 口播：第 11 章介绍了用 ChatGPT、腾讯智影和剪映电脑版制作数字人口播视频的操作方法。

(3) AI 演示：第 12 章介绍了用腾讯智影制作数字人演示视频的操作方法。

(4) AI 广告：第 13 章介绍了用 FlexClip 制作商品主图视频的操作方法。

本书特别提示如下。

(1) 版本更新：本书在编写时，是基于当时各种 AI 工具和软件的界面截取的实际操作图片，但图书从编辑到出版需要一段时间，这些工具的功能和界面可能会有所变动，读者在阅读时，可根据书中的思路，举一反三，进行学习。书中使用的工具和软件版本包括：ChatGPT 为 3.5 版，Midjourney 为 5.1 版，剪映电脑版为 4.2.1 版，剪映 App 为 10.6.0 版，必剪 App 为 2.39.0 版，快影 App 为 V 6.2.0.602002 版，美图秀秀 App 为 9.9.1.5 正式版，不咕剪辑 App 为 2.1.403 版，Premiere Pro 2023 为 23.0.0 版。

(2) 关键词的定义：关键词又称指令、描述词、提示词，是人们与 AI 模型进行交流的机器语言，书中在不同场合使用了不同的称谓，主要是为了让读者更好地理解这些行业用语。另外，很多关键词暂时没有对应的中文翻译，强行翻译为中文会让 AI 模型无法理解。

(3) 关键词的使用：在 Midjourney 中，尽量使用英文关键词，对于英文单词的格式没有太多要求，如首字母大小写不用统一、单词顺序不必深究等。但需要注意的是，关键词之间最好添加空格或逗号，同时所有的标点符号使用英文字体。再提醒一点，即使是相同的关键词，AI 模型每次生成的文案、图片或视频内容也会有差别。

为方便读者学习，本书提供素材文件、案例效果、教学视频、PPT 教学课件、教案和教学大纲等资源，读者可扫描右侧的配套资源二维码获取；也可直接扫描书中二维码，观看教学视频。此外，本书赠送 AI 摄影与绘画关键词，读者可扫描右侧的赠送资源二维码获取。

配套资源

赠送资源

本书由楚天编著，参与编写的人员有李玲，提供素材和拍摄帮助的人员有向小红、邓陆英、苏苏、向秋萍等，在此表示感谢。

由于作者水平有限，书中难免有疏漏之处，恳请广大读者批评指正。

编　者

2023.7

contents 目录

AI 视频生成篇

AI 视频应用篇

AI 视频生成篇

第1章 文本创作：生成视频脚本与文案

脚本文案之于短视频制作，如设计草图之于房屋建筑，都起着至关重要的作用。随着人工智能的发展，省时又省力的AI文案受到越来越多用户的青睐，而ChatGPT就是时下最热门的AI文案创作工具之一。本章介绍ChatGPT的使用技巧，以及生成脚本文案和不同类型短视频文案的操作方法。

1.1　使用技巧，灵活运用

在 ChatGPT 出现之前，我们对于智能生成文案并不陌生，有不少网络平台通过数据的整合与筛选都可以实现 AI(artificial intelligence，人工智能）文案。但是，ChatGPT 的出现颠覆了传统的人机交互方式，它不仅可以实现 AI 文案，还能与人类进行连续性的对话，可以说它开启了 AI 文案的新纪元。

本节介绍 ChatGPT 的基本使用技巧，帮助用户掌握关键词的生成和优化方法，从而让 ChatGPT 生成的内容更贴合用户的需求。

1.1.1　打开窗口，生成相关回复

登录 ChatGPT，打开聊天窗口即可开始对话。用户可以输入任何问题或话题，ChatGPT 会尝试回答并提供与主题有关的信息，下面介绍具体的操作方法。

扫码看视频

01　打开 ChatGPT 聊天窗口，单击底部的输入框，如图 1-1 所示。

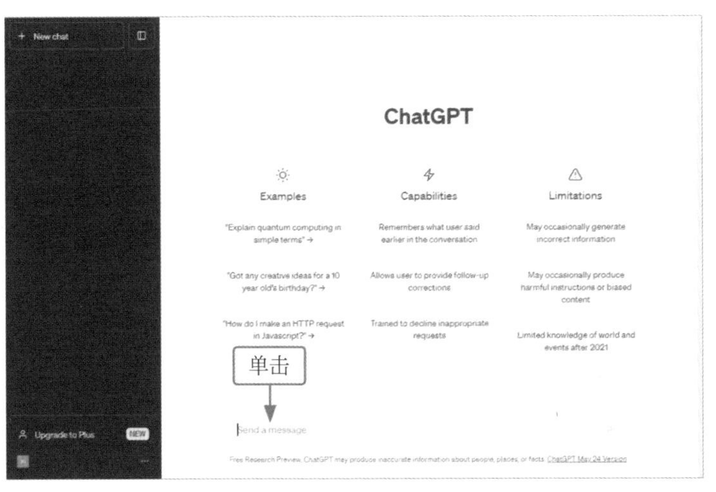

图 1-1　在 ChatGPT 聊天窗口单击底部的输入框

02　在输入框中输入关键词，如“以北京烤鸭为主题，写一篇美食科普类的短视频文案”，如图 1-2 所示。

03　单击输入框右侧的发送按钮▶或按 Enter 键，ChatGPT 即可根据要求生成相应的文案，如图 1-3 所示。

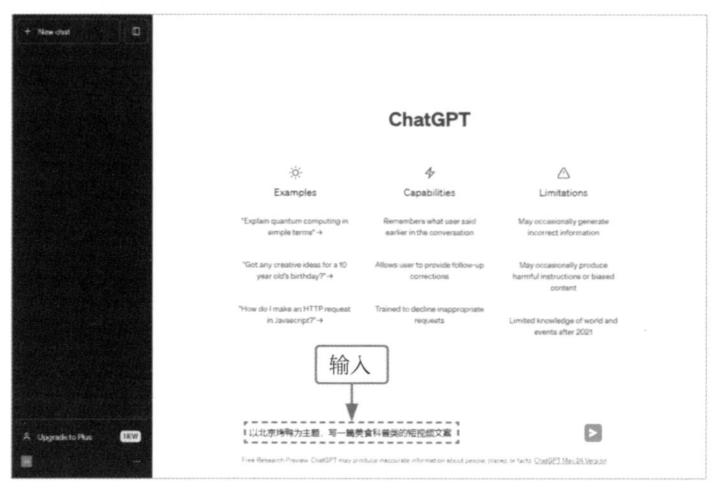

图 1-2　输入关键词

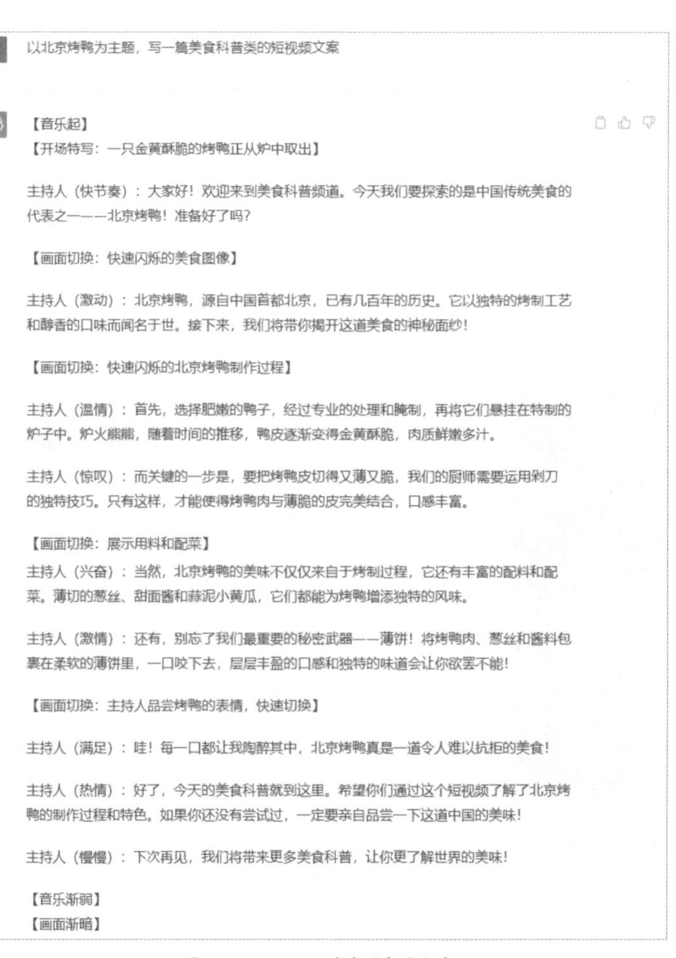

以北京烤鸭为主题，写一篇美食科普类的短视频文案

【音乐起】
【开场特写：一只金黄酥脆的烤鸭正从炉中取出】

主持人（快节奏）：大家好！欢迎来到美食科普频道。今天我们要探索的是中国传统美食的代表之一——北京烤鸭！准备好了吗？

【画面切换：快速闪烁的美食图像】

主持人（激动）：北京烤鸭，源自中国首都北京，已有几百年的历史。它以独特的烤制工艺和醇香的口味而闻名于世。接下来，我们将带你揭开这道美食的神秘面纱！

【画面切换：快速闪烁的北京烤鸭制作过程】

主持人（温情）：首先，选择肥嫩的鸭子，经过专业的处理和腌制，再将它们悬挂在特制的炉子中。炉火熊熊，随着时间的推移，鸭皮逐渐变得金黄酥脆，肉质鲜嫩多汁。

主持人（惊叹）：而关键的一步是，要把烤鸭皮切得又薄又脆，我们的厨师需要运用刹刀的独特技巧。只有这样，才能使得烤鸭肉与薄脆的皮完美结合，口感丰富。

【画面切换：展示用料和配菜】
主持人（兴奋）：当然，北京烤鸭的美味不仅仅来自于烤制过程，它还有丰富的配料和配菜。薄切的葱丝、甜面酱和蒜泥小黄瓜，它们都能为烤鸭增添独特的风味。

主持人（激情）：还有，别忘了我们最重要的秘密武器——薄饼！将烤鸭肉、葱丝和酱料包裹在柔软的薄饼里，一口咬下去，层层丰盈的口感和独特的味道会让你欲罢不能！

【画面切换：主持人品尝烤鸭的表情，快速切换】

主持人（满足）：哇！每一口都让我陶醉其中，北京烤鸭真是一道令人难以抗拒的美食！

主持人（热情）：好了，今天的美食科普就到这里。希望你们通过这个短视频了解了北京烤鸭的制作过程和特色。如果你还没有尝试过，一定要亲自品尝一下这道中国的美味！

主持人（慢慢）：下次再见，我们将带来更多美食科普，让你更了解世界的美味！

【音乐渐弱】
【画面渐暗】

图 1-3　ChatGPT 生成的相应文案

1.1.2　继续指令，解决文字中断

由于 ChatGPT 的研发者对其连续性生成回复进行了字数限制，因此用户在使用 ChatGPT 时，可能会遇到文字中断的情况。此时，用户只需在 ChatGPT 的输入框中输入“继续”指令，就可以解决这个问题。

01 打开 ChatGPT 聊天窗口，在输入框中输入相应的关键词，例如“以夏季防晒技巧为主题，写一篇护肤技巧类的短视频文案，字数为 1000 字”，ChatGPT 生成的文案如图 1-4 所示。

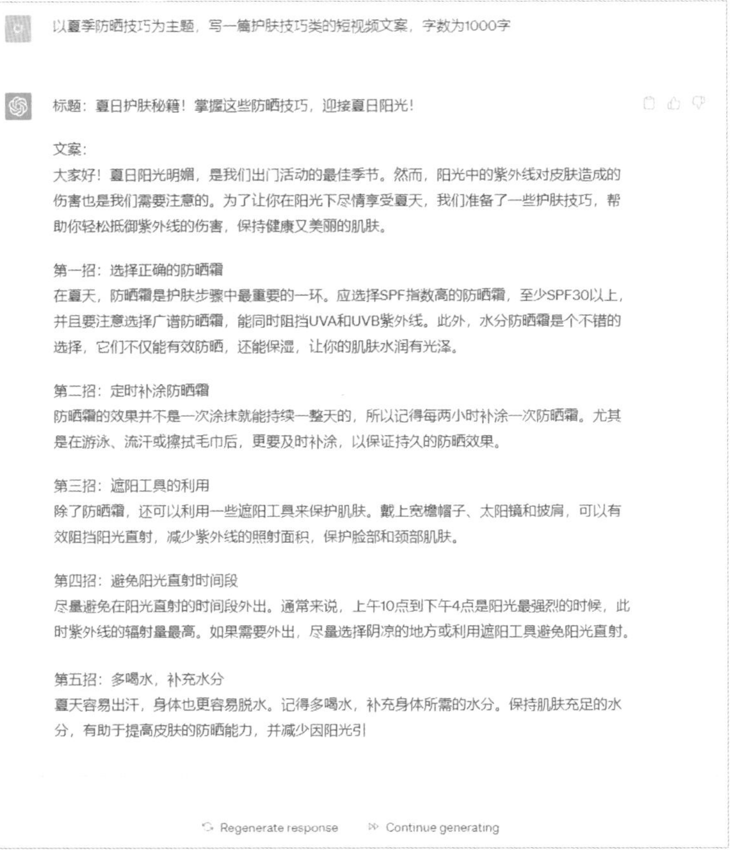

图 1-4　ChatGPT 生成的文案

02 ChatGPT 生成的文案内容，由于字数限制并不完整，此时用户可以输入“继续”指令，ChatGPT 就会继续生成剩下的文案内容，如图 1-5 所示。

继续

起的皮肤干燥和紧绷感。

第六招：温和清洁
夏天容易出油，但切记不要过度清洁皮肤。选择温和的洁面产品，避免使用过于刺激或含有酒精成分的洗面奶。清洁后记得用清水彻底冲洗，并轻轻拍干脸部，避免摩擦过度。

第七招：保湿是关键
即使是夏天，也不能忽视肌肤的保湿工作。选择清爽轻薄的水乳两用产品，既能提供足够的水分，又不会给肌肤增加油腻感。此外，可以选择含有保湿成分的面膜进行深层滋润，为肌肤补充水分和养分。

第八招：合理饮食，补充抗氧化剂
饮食也是保护肌肤的重要环节。摄入富含抗氧化剂的食物，如水果、蔬菜、坚果等，可以帮助抵御紫外线对皮肤的伤害，并促进肌肤的修复和再生。

第九招：关注唇部护理
夏天的阳光对唇部也有一定的伤害。记得使用带有防晒成分的唇膏或润唇膏，保护娇嫩的唇部肌肤，防止唇部晒伤和干裂。

第十招：及时修护受损肌肤
如果不慎被晒伤，要及时给予肌肤修护。可以使用含有芦荟、绿茶等舒缓成分的产品，减轻晒后红肿和不适感。同时，避免使用刺激性的化妆品或磨砂产品，以免加重皮肤负担。

夏天，阳光和炎热是不可避免的，但我们可以通过正确的护肤技巧来减少对肌肤的伤害。记住以上的夏季防晒技巧，保护好自己的肌肤，让你在夏天享受夏日阳光，绽放自信的光芒！健康美丽从每一个细节开始！

图 1-5 ChatGPT 继续生成剩下的文案内容

专家提醒

如果 ChatGPT 生成的回复不完整，此时下方会显示 Continue generating(继续生成) 按钮，它的作用与“继续”指令相同。不同之处在于，单击 Continue generating 按钮后，ChatGPT 会在原回复基础上继续生成剩下的内容；而输入“继续”指令后，ChatGPT 会在新回复中生成剩下的内容。

1.1.3 温度指令，学会逻辑思考

当我们对 ChatGPT 有了一定的了解后，会发现它生成的答案都较为严谨，略显机械和呆板，要想避免这个问题，我们只需在提问时加入 Please generate the answer at x 或 use a temperature of x(请用 x 的温度生成答案) 的指令，便可以让 ChatGPT 的回答更灵活。

专家提醒

x 为一个数值，一般设置在 0.1 ~ 1。低温度可以让 ChatGPT 的回答变得稳重且有保障，高温度则可以让 ChatGPT 充满创意与想象力。

01 在不添加温度指令时，用户在 ChatGPT 中输入“请写一段关于全麦面包的描述”，生成的回复如图 1-6 所示。

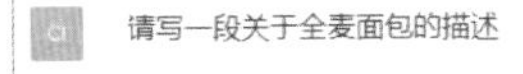

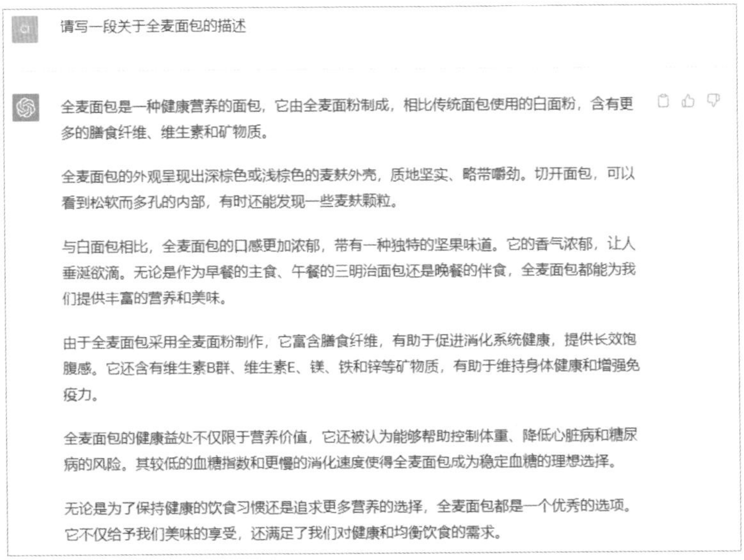

全麦面包是一种健康营养的面包，它由全麦面粉制成，相比传统面包使用的白面粉，含有更多的膳食纤维、维生素和矿物质。

全麦面包的外观呈现出深棕色或浅棕色的麦麸外壳，质地坚实、略带嚼劲。切开面包，可以看到松软而多孔的内部，有时还能发现一些麦麸颗粒。

与白面包相比，全麦面包的口感更加浓郁，带有一种独特的坚果味道。它的香气浓郁，让人垂涎欲滴。无论是作为早餐的主食、午餐的三明治面包还是晚餐的伴食，全麦面包都能为我们提供丰富的营养和美味。

由于全麦面包采用全麦面粉制作，它富含膳食纤维，有助于促进消化系统健康，提供长效饱腹感。它还含有维生素B群、维生素E、镁、铁和锌等矿物质，有助于维持身体健康和增强免疫力。

全麦面包的健康益处不仅限于营养价值，它还被认为能够帮助控制体重、降低心脏病和糖尿病的风险。其较低的血糖指数和更慢的消化速度使得全麦面包成为稳定血糖的理想选择。

无论是为了保持健康的饮食习惯还是追求更多营养的选择，全麦面包都是一个优秀的选项。它不仅给予我们美味的享受，还满足了我们对健康和均衡饮食的需求。

图 1-6　没有添加温度指令生成的回复

02 添加温度指令后，在 ChatGPT 中输入“请写一段关于全麦面包的描述，use a temperature of 1”，生成的回复如图 1-7 所示。

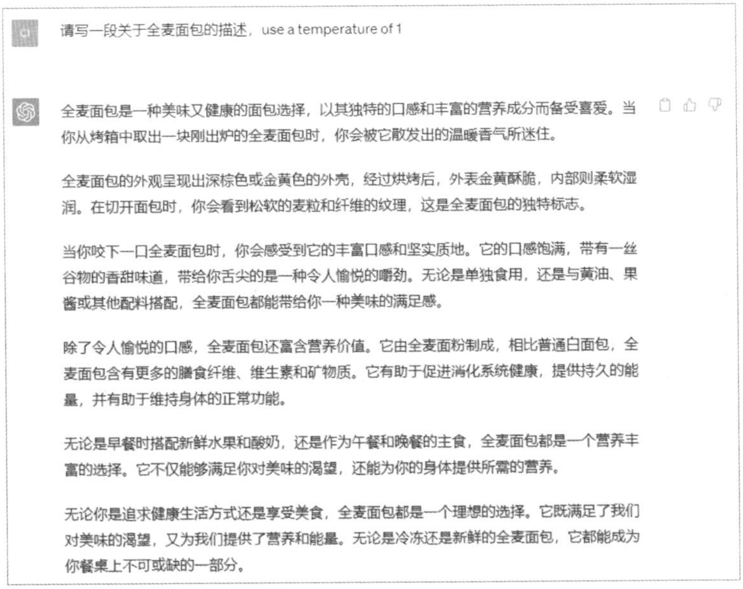

请写一段关于全麦面包的描述，use a temperature of 1

全麦面包是一种美味又健康的面包选择，以其独特的口感和丰富的营养成分而备受喜爱。当你从烤箱中取出一块刚出炉的全麦面包时，你会被它散发出的温暖香气所迷住。

全麦面包的外观呈现出深棕色或金黄色的外壳，经过烘烤后，外表金黄酥脆，内部则柔软湿润。在切开面包时，你会看到松软的麦粒和纤维的纹理，这是全麦面包的独特标志。

当你咬下一口全麦面包时，你会感受到它的丰富口感和坚实质地。它的口感饱满，带有一丝谷物的香甜味道，带给你舌尖的是一种令人愉悦的嚼劲。无论是单独食用，还是与黄油、果酱或其他配料搭配，全麦面包都能带给你一种美味的满足感。

除了令人愉悦的口感，全麦面包还富含营养价值。它由全麦面粉制成，相比普通白面包，全麦面包含有更多的膳食纤维、维生素和矿物质。它有助于促进消化系统健康，提供持久的能量，并有助于维持身体的正常功能。

无论是早餐时搭配新鲜水果和酸奶，还是作为午餐和晚餐的主食，全麦面包都是一个营养丰富的选择。它不仅能够满足你对美味的渴望，还能为你的身体提供所需的营养。

无论你是追求健康生活方式还是享受美食，全麦面包都是一个理想的选择。它既满足了我们对美味的渴望，又为我们提供了营养和能量。无论是冷冻还是新鲜的全麦面包，它都能成为你餐桌上不可或缺的一部分。

图 1-7　添加温度指令后生成的回复

可以看到，没有加入温度指令生成的回复比较概念化，而添加了温度指令后生成的回复更有人情味，像是以人类的口吻在进行描述。

1.1.4 提供对象，模仿语言风格

当用户不知道如何拟写关键词才能获得满意的回复时，可以模仿语言风格，从用户自身出发，包括自己喜欢的影视人物、动漫人物、作家等的语言风格，都可以让 ChatGPT 进行模仿。下面介绍具体的操作方法。

扫码看视频

01 在 ChatGPT 中输入“你了解 David MacKenzie Ogilvy（大卫·麦肯齐·奥格威）吗”，生成的回复如图 1-8 所示，确认 ChatGPT 对要模仿的对象有所了解。

你了解David MacKenzie Ogilvy吗

是的，我了解David MacKenzie Ogilvy。他是20世纪著名的广告人和市场营销专家，被誉为广告业的传奇人物之一。他于1911年出生于英国，后移居美国，并在广告界取得了巨大的成功。

David Ogilvy以其独特的洞察力和创造力而闻名，他的广告理念和方法影响了整个广告行业。他注重市场调研和消费者行为的研究，提倡以理性和实用为基础的广告创作。他认为广告的目的是销售产品，因此他强调广告必须有明确的目标和可衡量的结果。

David Ogilvy创办了一家广告代理公司，即现在的奥美广告公司（Ogilvy & Mather），该公司成为全球最大的广告代理公司之一。他的客户包括许多世界知名的品牌，如IBM、珍宝坊、罗氏药品和联合利华等。他的广告作品融合了创意、文化和心理学的元素，以引起消费者的兴趣和共鸣。

David Ogilvy也是一位优秀的作家，他撰写了一本畅销书《广告人的秘密》，在书中分享了他的广告经验和观点。这本书被广告从业者和市场营销人员广泛阅读，并成为行业的经典之作。

David Ogilvy于1999年去世，但他的影响力在广告界依然深远。他的创新思维和专注于效果的理念使他成为广告界的传奇，并为后来的广告人树立了榜样。

图 1-8　确认 ChatGPT 了解要模仿的对象

02 在 ChatGPT 的输入框中，输入“以 David MacKenzie Ogilvy 的语言风格，写一篇关于全麦面包的广告文案”，生成的回复如图 1-9 所示。

以David MacKenzie Ogilvy的语言风格，写一篇关于全麦面包的广告文案

(以下是以David Ogilvy风格撰写的全麦面包广告文案)

标题：当味觉与健康完美结合——享受纯正全麦面包的美味

段落1:
亲爱的面包爱好者，
在这个瞬息万变的世界中，我们越来越关注健康和营养。因此，当谈到健康食品时，我无法忽视那些令人垂涎的、口感出众的全麦面包。它不仅让你的味蕾舞动，更带给你身体的益处。

段落2:
我们引以为豪地推出了我们的全新全麦面包，以满足现代人对品质和健康的需求。每一片面包都经过精心制作，选用了最优质的全麦谷物，坚持严苛的生产标准，确保您享受到无与伦比的味道和质量。

段落3:
我们的全麦面包不仅仅是一种美味的享受，更是一种健康的选择。它含有丰富的纤维、维生素和矿物质，为您提供持久的能量和营养。每一口都让您感受到大自然的恩赐，让您的身体和精神焕发活力。

段落4:
与普通面包相比，我们的全麦面包更有助于控制体重，维持血糖平衡，并促进消化健康。无论您是早晨的忙碌一族、工作中的白领还是健身爱好者，我们的全麦面包都能满足您对品味和健康的追求。

段落5:
此外，为了确保每一口都能带给您最佳的味觉体验，我们精心挑选了最新鲜的原材料，并采用传统的烘焙工艺，保留了面包的天然香气和口感。无添加剂，无人工成分，只有纯正的全麦好处。

结语:
尊重您的味蕾，照顾您的身体，选择我们的全麦面包。让您的每一天都充满活力和满足感。品味健康，品味生活。

购买我们的全麦面包，让您的餐桌充满纯正的美味。现在就加入我们的面包家族，体验无与伦比的全麦面包之旅！

注：以上广告文案以David Ogilvy的风格撰写，旨在突出全麦面包的口感、营养和健康优势，并强调其与现代人的生活方式相契合。

图 1-9　模仿语言风格后 ChatGPT 生成的回复

1.1.5　调试风格，输入固定指令

当用户需要指定 ChatGPT 的语言风格、内容属性时，可以套用“你的角色【专业领域】+你的能力【成果期待】+我希望你【任务需求】”这一固定指令模板，让其生成我们想要的回复。下面举例介绍这一固定指令的运用方法。

在 ChatGPT 的输入框中，输入“你的角色是作家，你的能力是善于捕捉和观察生活中的细节，并以讲故事的方式，生成富有哲理的短篇小说。现在我希望你从描述一个卖煎饼的商贩入手，写一篇引人入胜且给人以启发性的小说”，生成的回复如图 1-10 所示。

你的角色是作家，你的能力是善于捕捉和观察生活中的细节，并以讲故事的方式，生成富有哲理的短篇小说。现在我希望你从描述一个卖煎饼的商贩入手，写一篇引人入胜且给人启发性的小说

一座繁忙的城市街头，一位老年商贩每天清晨都会摆放他那小小的煎饼摊位。他名叫张伯，是这个街区里的传奇人物。

张伯的摊位并不显眼，但每天早晨，他总能吸引一大群人围观。他的煎饼并不普通，它们的形状各异，有的是花朵、有的是动物、有的是字母。每个煎饼都是他亲手制作的艺术品。

然而，这些煎饼不仅仅是外表上的美丽，它们背后还蕴含着深刻的寓意。当人们品尝这些煎饼时，他们会发现每一个煎饼都诉说着一个故事，故事中充满着智慧和启示。

有一天，一个年轻的学生来到了张伯的摊位前，他被这些煎饼的奇特之处所吸引。他点了一只形状像鸟的煎饼，端起它，深深地咀嚼着。

就在那一刻，他仿佛听到了鸟儿的歌声，他眼前浮现出一个自由翱翔的景象。他感受到了飞翔的梦想和无限的可能性。他明白了，这个世界并不局限于他现在所处的地方，他可以超越自己的极限，向更远大的目标迈进。

学生的心中燃起了一团火焰，他感激地望着张伯，深深明白这位老人所要传达的信息。

多年以后，那个年轻的学生长大成人，成为了一名成功的建筑师。他回到了张伯的摊位，与老人一起回顾过去。他向老人道谢，感谢他在那个关键的时刻给予的启发。老人微笑着摆摆手，表示这一切都是他乐意做的。

张伯告诉他，他每天制作煎饼不仅仅是为了赚钱，更是为了给人们带来一丝温暖和勇气。他希望每个人在品尝煎饼的同时，能够发现自己内心深处的梦想，并为之努力奋斗。

这个故事传遍了整个城市，张伯的煎饼摊位变得更加热门。每个人都想品尝这些煎饼，并希望从中找到属于自己的力量和启示。

于是，张伯的煎饼不仅成为一种食物，更成为城市中传递希望和勇气的象征。人们对于未来充满了期待，因为他们知道，每一口煎饼都是一个寓言，每一个形状都是一段故事，每一次品尝都是一次心灵的触动。

在张伯的煎饼摊位旁边，有一个小小的牌子上写着：「不要只看表面，去发现内在的美和智慧。」这成了张伯煎饼摊位的座右铭，也是每个人心中的指引。

从那以后，张伯的煎饼摊位成了城市中的一颗闪亮之星，他用自己的善意和智慧，点亮了每一个人的人生道路。

故事的结局是一个新的开始，一个每个人都能感受到生活的美好和可能性的开始。人们学会了关注细节，品味生活中的智慧，而这一切都源于那个谦逊而富有智慧的煎饼商贩——张伯。

图 1-10 调试风格的固定指令生成的回复

1.1.6 指令模板，生成专业答案

随着 ChatGPT 应用场景的不断扩大，使用人群不断增多，人们对 ChatGPT 生成更加专业性答案的需求也不断增多。而掌握“问题背景＋任务需求＋行业专家模板或方法论”这一指令模板，能够帮助我们提高使用 ChatGPT 的效率。这一指令模板的应用示例如下。

在 ChatGPT 的输入框中输入“根据《突破性广告》书中的原理，生成 10 个关于汉服推广短视频的标题文案”，生成的回复如图 1-11 所示。

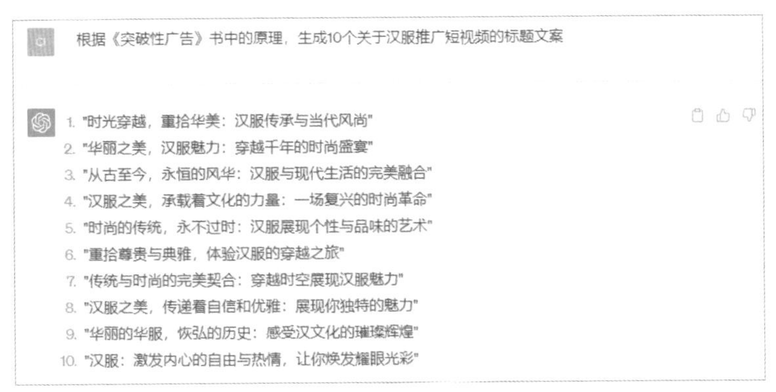

图 1-11　运用生成专业答案的指令后生成的回复

可以看出，按照“问题背景＋任务需求＋行业专家模板或方法论”这一指令模板向 ChatGPT 进行提问，能够让 ChatGPT 生成更为专业的答案。后续还可以继续提问，让 ChatGPT 对所生成的答案进行原理解释。

1.2　脚本文案，轻松生成

掌握了 ChatGPT 的使用方法，接下来用户就可以利用 ChatGPT 来生成创意十足的短视频主题、脚本文案、分镜头脚本和标题，从而创作出吸引人的短视频内容。

1.2.1　策划主题，找出热门话题

用户可以在 ChatGPT 中通过输入相关主题、情节、角色、对话等信息，来启发 ChatGPT 生成创意丰富的短视频脚本文案。这样，用户就能够更快地创作出吸引人的短视频内容，提高短视频的质量。

扫码看视频

制作短视频的目的是吸引观众的注意力，传达信息和情感，因此用户首先要策划一个好的主题，具体方法如下。

01 在 ChatGPT 中输入“帮我推荐 10 个热门短视频话题”，生成的回复如图 1-12 所示。

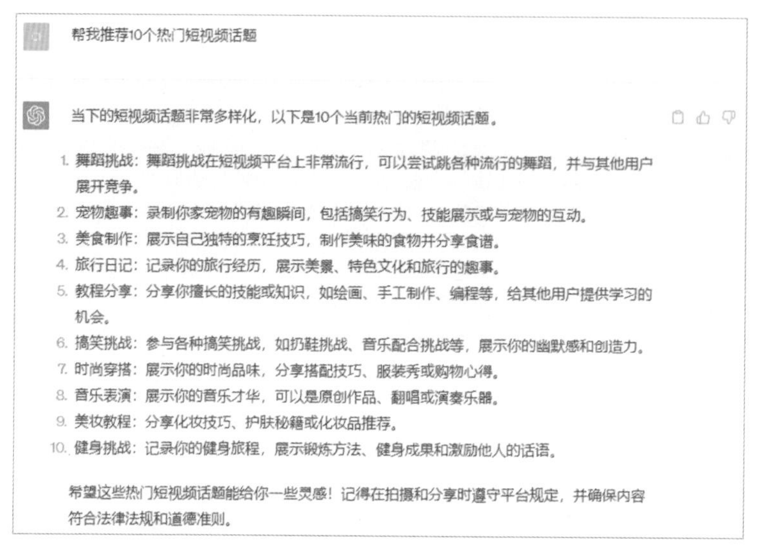

图 1-12　推荐 10 个热门短视频话题

02 让 ChatGPT 在“# 美妆教程”这个大的类目下，列出一些子主题，在 ChatGPT 中输入“关于 # 美妆教程，给我 10 个子主题建议”，ChatGPT 的回复如图 1-13 所示。

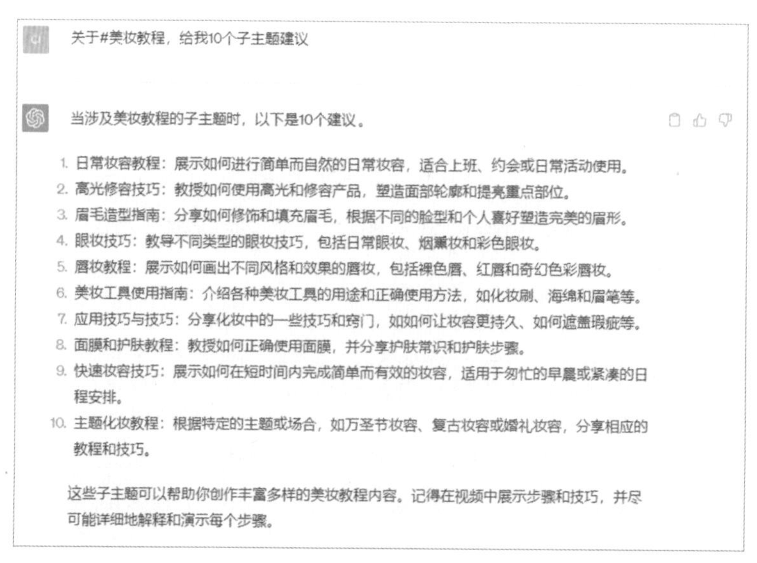

图 1-13　列出子主题建议

03 用户可以从子主题中选择一个，例如快速妆容技巧，让 ChatGPT 再提供 10 个视频创意的想法。输入“关于快速妆容技巧，介绍如何在短时间内完成基础妆容的方法，要作为分享人来说，不需要很强的营销口吻，帮我再想 10 个视频创意的想法建议”，ChatGPT 的回复如图 1-14 所示。

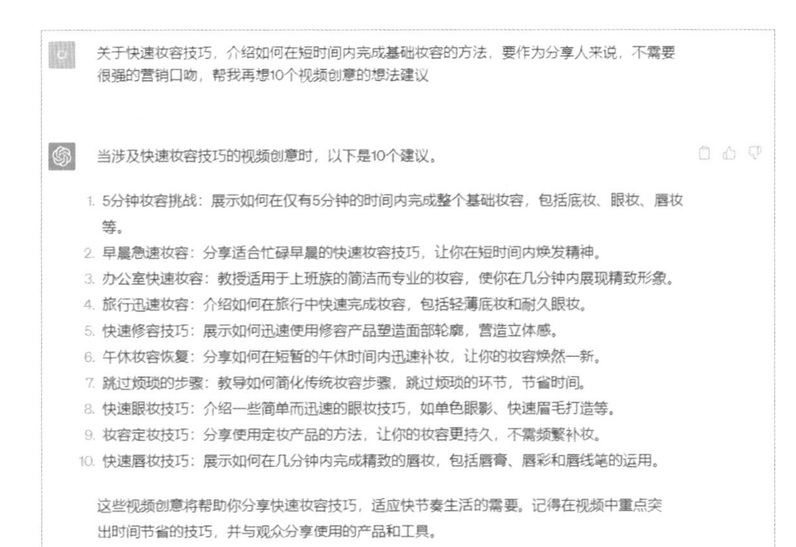

图 1-14　生成视频创意的想法建议

04 有了相关的想法建议，用户就可以让 ChatGPT 拟写短视频的标题，还可以试着让 ChatGPT 加入一些数字，这样更有说服力，输入“根据‘5 分钟妆容挑战：展示如何在仅有 5 分钟的时间内完成整个基础妆容，包括底妆、眼妆、唇妆等’这个内容，帮我写 10 个热门的短视频标题，并在其中加一些数字”，ChatGPT 的回复如图 1-15 所示。

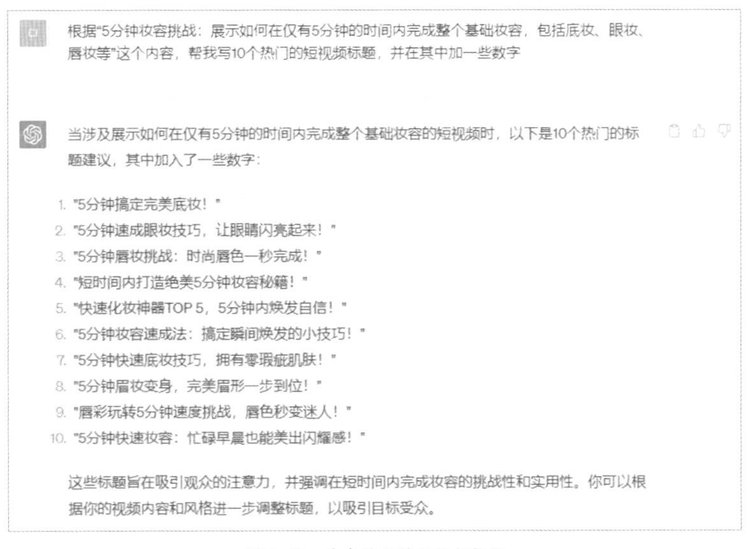

图 1-15　生成热门的短视频标题

1.2.2 生成脚本，指导视频拍摄

有了短视频主题后，用户即可让 ChatGPT 根据这个主题去生成详细的脚本内容，具体方法如下。

扫码看视频

01 在 ChatGPT 中输入“‘5 分钟搞定完美底妆！’根据这个标题，写一个抖音短视频脚本。语气：分享人口吻、惊喜、轻松。内容符合平台规则，不要用极限词”，ChatGPT 的回复如图 1-16 所示。

"5分钟搞定完美底妆！"根据这个标题，写一个抖音短视频脚本。语气：分享人口吻、惊喜、轻松。内容符合平台规则，不要用极限词

[场景：分享人坐在化妆台前，面带微笑，手拿化妆刷和彩妆产品]

分享人：嘿！大家好！今天我要与你们分享一个让你们惊喜的小秘密！我将向你们展示如何在短短5分钟内搞定完美底妆！你们准备好了吗？

[快速切换画面：显示计时器，开始倒数计时5分钟]

分享人：首先，我们要迅速打造一个完美肌肤的底妆。使用一款轻薄的遮瑕产品，轻轻遮盖眼部和瑕疵，让肌肤瞬间焕发光彩。

[分享人示范使用遮瑕产品，展示轻柔的手法和技巧]

分享人：接下来，快速地拍打液体粉底，使肌肤呈现自然又透明的效果。别忘了用粉扑或刷子均匀推开，让妆容更持久。

[分享人示范使用液体粉底，注意均匀推开的动作]

分享人：时间紧迫，我们要迅速提亮面部！选一款适合你肤色的高光产品，涂抹在T区、眼角和法令纹处，瞬间打造立体感。

[分享人示范使用高光产品，涂抹在关键位置]

分享人：现在是最关键的一步，定妆！轻轻扫上薄薄一层定妆粉，让妆容更持久。别忘了轻轻拍打面部，去除多余粉末。

[分享人示范使用定妆粉，注意拍打和去粉末的动作]

分享人：时间已经过半，但我们已经搞定了完美底妆！看！肌肤看起来无暇又光滑，就像是没有化妆一样。

[分享人自信地展示完美底妆，微笑着]

分享人：如何？是不是出乎你的意料？你也可以在5分钟内轻松搞定完美底妆！记住，保持练习和掌握技巧，你会越来越熟练。

[分享人鼓励观众，并提醒他们练习的重要性]

分享人：如果你觉得这个视频对你有帮助，请别忘了点赞和分享给你的朋友们！感谢大家的支持，我们下次再见！

[分享人微笑着向镜头道别，音乐渐渐淡出]

图 1-16　生成短视频脚本

02 让 ChatGPT 详细展开，叙述一下短视频更加具体的内容，输入“请详细展开叙述一下”，ChatGPT 即可生成更加详细的脚本文案，如图 1-17 所示。

请详细展开叙述一下

当然，请允许我详细展开叙述。

[场景：分享人坐在精心布置的化妆台前，面带微笑，手拿化妆刷和彩妆产品。背景音乐轻松欢快]

分享人：嘿！大家好！今天我要与你们分享一个让你们惊喜的小秘密！你知道吗？只需要短短的5分钟，就能搞定完美底妆！是不是很惊人？现在就让我来向你们展示这个绝妙的技巧吧！

[快速切换画面：显示计时器，开始倒数计时5分钟。分享人带着期待的眼神注视着计时器]

分享人：首先，我们要迅速打造一个完美肌肤的底妆。选用一款轻薄的遮瑕产品，选择适合你肤色的色号，然后轻轻遮盖眼部和瑕疵，让肌肤瞬间焕发光彩。

[分享人示范使用遮瑕产品，展示轻柔的手法和技巧。他用指尖轻轻点在眼部和瑕疵上，然后用化妆刷轻轻晕开]

分享人：接下来，快速地拍打液体粉底，选择适合你肤色的粉底液，将其均匀涂抹在整个面部，使肌肤呈现自然又透明的效果。别忘了用粉扑或刷子均匀推开，这样能让妆容更持久。

[分享人示范使用液体粉底，注意均匀推开的动作。他用手指将粉底点在脸颊、额头、下巴和鼻子上，然后用化妆刷轻轻推开，均匀覆盖整个面部]

分享人：时间紧迫，但是我们不能忘记提亮面部！选一款适合你肤色的高光产品，涂抹在T区、眼角和法令纹处，这样能瞬间打造立体感，让你的底妆更加有光泽。

[分享人示范使用高光产品，用指尖轻轻点在T区、眼角和法令纹处，然后用手指晕开，让高光自然融入肌肤]

分享人：现在是最关键的一步，定妆！轻轻扫上一层薄薄的定妆粉，这样可以让妆容更持久。别忘了轻轻拍打面部，去除多余粉末，这样你的底妆就会持久又自然。

[分享人示范使用定妆粉，用大型粉刷轻轻扫在面部，然后用化妆海绵轻轻拍打，去除多余粉末]

分享人：时间已经过半，但是我们已经搞定了完美底妆！看！肌肤看起来无暇又光滑，就像是没有化妆一样。而且整个过程只用了5分钟！

[分享人自信地展示完美底妆，微笑着。他用手指轻轻触摸面部，展示底妆的质感和光滑度]

分享人：如何？是不是出乎你的意料？你也可以在5分钟内轻松搞定完美底妆！只要记住这些简单的步骤和技巧，保持练习，你会越来越熟练。

[分享人鼓励观众，并提醒他们练习的重要性。他向镜头眨眼，以轻松和亲切的口吻]

分享人：如果你觉得这个视频对你有帮助，请别忘了点赞和分享给你的朋友们！感谢大家的支持，我们下次再见！

[分享人微笑着向镜头道别，背景音乐逐渐淡出。视频结束]

图 1-17　生成更加详细的脚本文案

1.2.3 分镜头脚本，合理安排要素

扫码看视频

分镜头脚本是用来描述短视频中每一个镜头的内容和细节的文稿，它通常包含标题、场景描述、景别、运镜、台词或对白、道具、节奏和节拍等要素，用户在撰写分镜头脚本时可以根据具体的需求来安排这些要素。下面介绍运用 ChatGPT 生成分镜头脚本的具体方法。

01 在 ChatGPT 的输入框中输入对话前提“你了解分镜头脚本吗”，生成的回复如图 1-18 所示，确认 ChatGPT 是否了解分镜头脚本。

你了解分镜头脚本吗

是的，我了解分镜头脚本。分镜头脚本是一种用于电影、电视剧或其他视觉媒体项目的脚本格式。它将整个故事分割成不同的镜头，并为每个镜头提供详细的描述和指导，包括镜头角度、相机移动、演员表演和其他重要元素。

分镜头脚本通常由编剧或导演编写，以帮助实现他们对故事的视觉呈现和表现方式的具体构想。它是一个重要的工具，用于协调导演、摄影师、剪辑师和其他相关人员之间的沟通，确保每个镜头都按照创意团队的意图来实施。

在分镜头脚本中，每个镜头通常由一个编号来标识，并包含以下信息。

1. 镜头描述：对镜头的内容进行详细的文字描述，包括场景、位置、角色位置和动作等。
2. 相机角度和移动：指定相机的位置、角度和移动方式，例如近景、远景、俯视、仰视、跟踪镜头等。
3. 行动和表演：描述演员在镜头中的动作和表演指导，例如演员的情绪、姿势、对白等。
4. 特殊效果：如果有特殊效果、道具或特殊设备的使用，会在分镜头脚本中进行说明。
5. 过渡和连贯性：描述与前一个和后一个镜头之间的过渡和连贯性，以确保故事的连贯性。

分镜头脚本的编写需要一定的专业知识和经验，以便准确地传达创意团队的意图。它在电影和电视制作过程中扮演着至关重要的角色，帮助实现导演的视觉构想，并协调各个创作成员的工作。

图 1-18 ChatGPT 生成的对话前提

02 为 ChatGPT 设定身份，让其根据身份属性完成任务。例如，输入“你是一名专业的美食博主，正在写一个关于火锅店探店视频的脚本，场景发生在一家有百年历史的四川火锅店里，脚本中需要包括当下短视频热门元素，开篇 5s 迅速吸引人的眼球，中间有反转，结尾有惊喜，文案侧重于情绪表达。脚本用表格的形式呈现以下内容：分镜序号、景别（中近远特写等镜头）、画面描述、对话台词（包括人物对话时动作、语言、神态等，越详细越好）、背景音乐（给出具体的歌曲名称）”，生成的分镜头脚本如图 1-19 所示。

可以看出，ChatGPT 生成的分镜头脚本文案要素很齐全，也满足了我们提出的各项要求，但是其对短视频整体内容的意蕴和深度把握得还不够，而且对短视频热门元素了解不多，因此这个分镜头脚本文案只能起到一定的参考作用，具体的运用还需结合用户的实战经验和短视频文案的类型。

你是一名专业的美食博主，正在写一个关于火锅店探店视频的脚本，场景发生在一家有百年历史的四川火锅店里，脚本中需要包括当下短视频热门元素，开篇5s迅速吸引人的眼球，中间有反转，结尾有惊喜，文案侧重于情绪表达。脚本用表格的形式呈现以下内容：分镜序号、景别（中近远特写等镜头）、画面描述、对话台词（包括人物对话时动作、语言、神态等，越详细越好）、背景音乐（给出具体的歌曲名称）

以下是您所需的火锅店探店视频脚本，按照表格形式呈现：

分镜序号	景别	画面描述	对话台词	背景音乐
1	近景	火锅店招牌上的四川火锅店字样，悠久的历史感强烈。	无	《传统的魅力》
2	中景	火锅店内宽敞明亮，装饰充满四川传统元素，顾客热闹用餐的场景。	无	《欢快的热闹》
3	近景	主持人带着期待的神情走进火锅店，微笑着与店员打招呼。	主持人：大家好，我是XX（主持人名），今天带大家来探店四川火锅！	无
4	近景	主持人举起火锅店的招牌菜品，眼神兴奋，表情炽热。	主持人：看看这里，正宗四川火锅的招牌菜，麻辣诱人！	无
5	特写	精致的火锅菜品上桌，肉片和海鲜在滚烫的锅底中翻滚。	无	《香辣翻滚》
6	近景	主持人拿起一片红油辣椒片，咬下去，眼神微微瞪大，情绪起伏。	主持人：辣！这绝对是四川火锅的魅力所在！	无
7	中景	主持人与店主交谈，店主讲述火锅店的百年历史，态度热情自豪。	店主：我们火锅店已经有百年的历史，一直以传统的口味为人们所喜爱。	无
8	中景	主持人带着疑问的表情，突然品尝到火锅汤底的特别之处。	主持人：哇！这火锅汤底居然还有一股独特的香味！	无
9	近景	主持人拍摄火锅店内忙碌的厨房，厨师们快速翻炒、添汤，充满激情。	无	《热情的节奏》
10	中景	主持人与店内的顾客互动，大家笑声不断，气氛热烈。	顾客1：这火锅真是太好吃了！	无
11	中景	主持人拿起店家提供的火锅底料，表情震惊。	主持人：哇！原来火锅底料有这么多秘密配方！	无
12	近景	主持人微笑着向镜头举起火锅勺，展现出满足和惊喜的表情。	主持人：探店四川火锅，不仅是味蕾的享受，更是情绪的释放！	无
13	中景	主持人与店主道别，感谢店主的款待，表情感激。	主持人：非常感谢店主的热情款待，我们下次再来！	无
14	近景	主持人走出火锅店，远离店门，背景逐渐模糊。	无	《美好的回忆》
15	近景	主持人微笑着看向镜头，画面渐变黑白，出现字幕感谢观众的支持。	主持人（配音）：感谢大家观看，记得关注我们的下一期视频哦！	无

请注意，表格中的背景音乐只是给出了一些示例歌曲名称，具体的音乐选择应根据视频制作需要进行调整。同时，根据您的实际拍摄和创意，可以进一步完善和修改脚本内容，以确保视频能够吸引观众并产生情绪共鸣。

图 1-19 ChatGPT 生成的分镜头脚本

1.2.4 标题文案，突出视频主题

扫码看视频

除了策划主题和生成脚本之外，ChatGPT 还可以用来生成短视频标题。短视频标题是对短视频主体内容的概括，能够起到突出视频主题、吸引受众观看视频的作用。短视频标题通常会与标签（tag）一起在短视频平台中呈现，如图 1-20 所示。

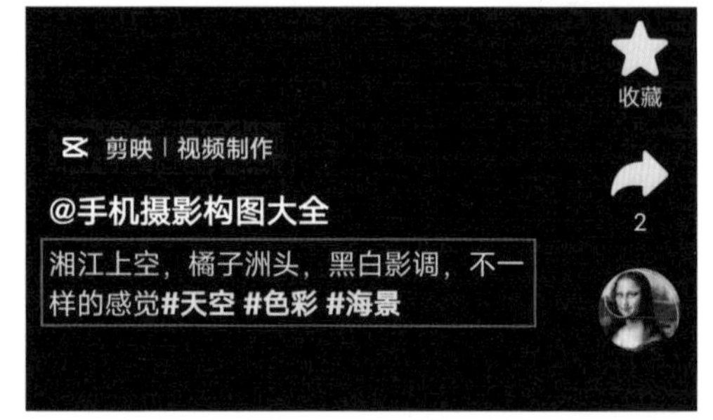

图 1-20 短视频标题文案的呈现方式示例

因此，用户在运用 ChatGPT 生成短视频标题文案时，需要在关键词中提到连同标签一起生成。本节介绍运用 ChatGPT 生成短视频标题文案的具体操作方法。

01 直接在 ChatGPT 的输入框中输入需求，例如，输入“提供一个主题为家居好物分享的短视频标题文案，并添加标签”，生成的回复如图 1-21 所示。可以看出，ChatGPT 按照要求提供了中规中矩的文案参考。

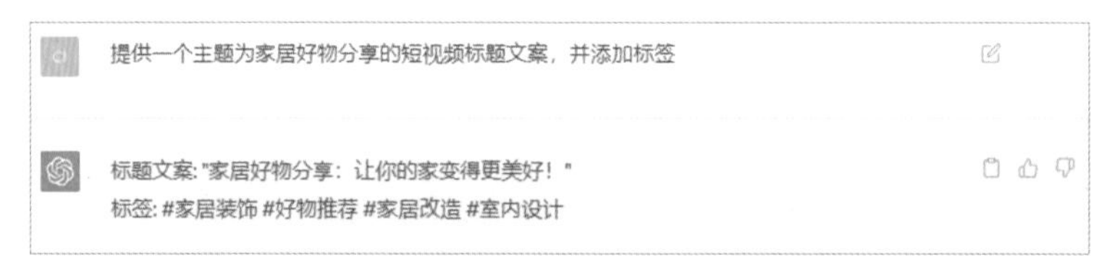

图 1-21 ChatGPT 生成的短视频标题文案并添加了标签

02 对 ChatGPT 生成的标题文案提出修改要求，在输入框中输入“短视频标题文案的要求：1. 突出受众痛点；2. 能够快速吸引人眼球，并使受众产生观看视频内容的兴趣。根据要求重新提供标题文案”，生成的回复如图 1-22 所示。

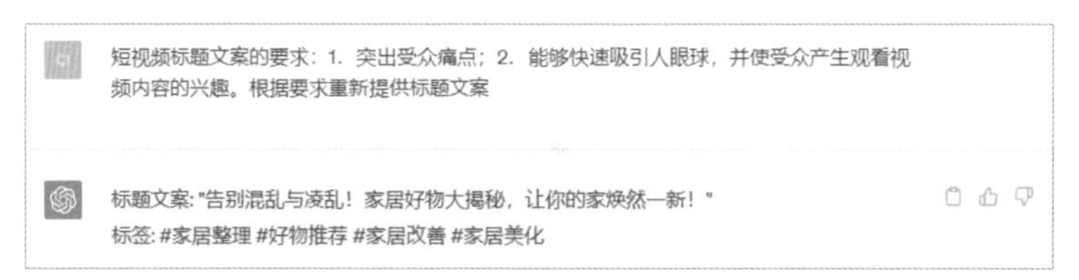

图 1-22 ChatGPT 生成修改后的短视频标题文案

03　让 ChatGPT 根据某一个短视频平台的特性和受众需求，生成对应的标题文案。例如，输入“抖音上的短视频标题文案通常是‘高颜值还那么实用的宝藏家居用品，每一件都是我的心头好’‘超实用的厨房神器，这些你一定没见过’‘那些看似鸡肋，实则真香的家居好物’等语言风格。请按照抖音上的文案写法，重新提供一个标题文案”，生成的回复如图 1-23 所示，标题文案更加优化。

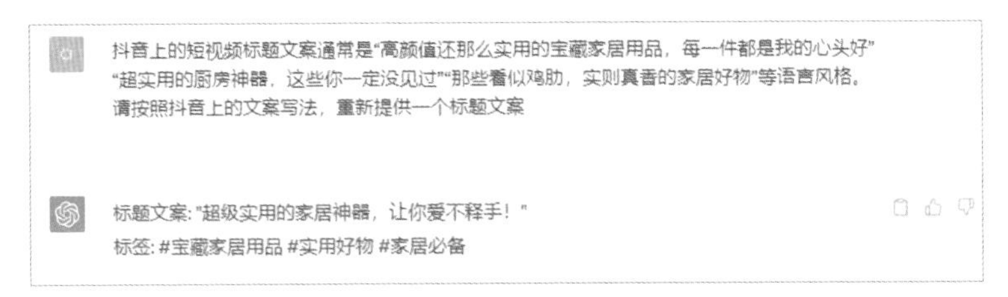

图 1-23　ChatGPT 生成更加优化的短视频标题文案

1.3　文案实战，满足需求

用户在运用 ChatGPT 生成短视频文案时，可以根据短视频的不同类型来撰写关键词，从而生成更具有针对性、更吸引人的短视频文案。本节将介绍影视解说、情景短剧、知识科普、哲理口播、图文分享这 5 类热门短视频文案的生成方法。

1.3.1　影视解说，高度概括剧情

影视解说类短视频文案是指对电影、电视剧的情节内容进行描述和解析的文案。这类文案一般用语幽默、简洁，能够高度概括剧集内容，并以最短时间和最快速度传达给受众。下面介绍运用 ChatGPT 生成影视解说类短视频文案的操作方法。

扫码看视频

01　在 ChatGPT 的输入框中，输入“影视解说类短视频文案是什么”，生成的回复如图 1-24 所示，确认 ChatGPT 是否了解影视解说类短视频文案。

02　除了确认 ChatGPT 对影视解说类短视频文案的了解程度，用户还需要确认 ChatGPT 是否了解要解说的影视作品，在输入框中输入“你了解电影《星球大战》吗”，生成的回复如图 1-25 所示。

03　完成对话前提的生成后，就可以让 ChatGPT 生成正式的影视解说类短视频文案了，输入“你是一名影视解说类短视频博主，现在正在创作一篇对电影《星球大战》的解说文案。要求：从剧情、特效和成就这 3 个方面进行分析，语言幽默风趣，配有画面说明”，生成的回复如图 1-26 所示。

影视解说类短视频文案是什么

影视解说类短视频文案旨在吸引观众注意并概括视频内容，同时引发观众的兴趣。以下是一些影视解说类短视频文案的常见要素。

1. 引入：以引人入胜的方式开始文案，吸引观众的兴趣。可以使用独特的问题、引人入胜的事实或令人惊叹的描述来吸引观众。
2. 概述：简要概述视频的主题和内容。说明视频讲述的是什么故事、揭示了哪些信息或者展示了哪些惊人的事实。
3. 关键亮点：突出视频的关键亮点或精彩片段。这些亮点可以是视觉效果、情感戏剧性或者任何能引起观众注意的特殊元素。
4. 主题/情感：传达视频所要表达的主题或情感。这可以是悬疑、刺激、感人或任何其他类型的情感体验。
5. 呼吁行动：鼓励观众进行行动，如观看完整的影视作品、订阅频道或在社交媒体上分享视频等。
6. 结尾：用简洁而有力的方式结束文案，让观众对视频产生兴趣并期待更多。

注意，短视频文案需要简明扼要，但又要能够有效地传达视频的主要内容和吸引力。同时，使用引人入胜的语言和适当的情感调动可以增加观众的共鸣。

图 1-24 ChatGPT 生成影视解说类短视频文案的释义

你了解电影《星球大战》吗

是的，我对电影《星球大战》（Star Wars）有一定了解。《星球大战》是由美国导演乔治·卢卡斯（George Lucas）创作的科幻电影系列，首部电影于1977年上映。这个系列以其丰富的宇宙背景、精彩的特效和深入的故事情节而闻名。

《星球大战》系列讲述了在遥远的银河系中的冲突和战争。故事涉及了许多种族、行星和角色，其中最著名的包括绝地武士（Jedi Knights）、原力（the Force）、达斯·维达（Darth Vader）等。

这个系列包括多部电影、电视剧、动画系列以及大量的小说、漫画书和游戏。其中最经典的电影包括《星球大战四部曲：新希望》（Star Wars: Episode IV - A New Hope）、《星球大战五部曲：帝国反击战》（Star Wars: Episode V - The Empire Strikes Back）和《星球大战六部曲：绝地归来》（Star Wars: Episode VI - Return of the Jedi）。

《星球大战》系列以其复杂的世界观、深入的角色发展和宏大的故事框架而吸引了数以亿计的粉丝。它已经成为科幻电影历史上最具影响力和受欢迎的系列之一，产生了广泛的文化影响力。

图 1-25 ChatGPT 对电影的介绍

你是一名影视解说类短视频博主，现在正在创作一篇对电影《星球大战》的解说文案。要求：从剧情、特效和成就这3个方面进行分析，语言幽默风趣，配有画面说明

当然！作为一名影视解说类短视频博主，我会尽力满足你的要求。以下是对电影《星球大战》的解说文案创作。

【画面：银河系宇宙的星空，远景渐渐靠近，展现宏伟的星战舰队】

文案：嘿，各位星际冒险家们！准备好与我一起穿越银河系，进入《星球大战》的无尽宇宙了吗？这部电影集剧情、特效和成就于一身，带你体验精彩的宇宙冒险！

图 1-26 ChatGPT 生成的影视解说类短视频文案

【画面：反抗军与帝国之间的激烈战斗，光剑与爆炸交相辉映】

文案：首先，让我们聊一聊剧情！在这个星球大战的世界里，反抗军与帝国展开了一场惊心动魄的决战。勇敢的反抗军战士们在星系中奋勇作战，与邪恶的帝国斗智斗勇。光剑舞动、爆炸四起，一切都充满了幽默与刺激！

【画面：逼真的特效展示，太空舰队穿梭、行星毁灭的震撼画面】

文案：接下来，让我们来欣赏一下特效的魅力！《星球大战》以其逼真的特效让你目瞪口呆！太空舰队的穿梭、行星的毁灭，每一帧都散发着惊人的视觉魔力。你会觉得自己置身于星际战场，仿佛能够感受到舰队飞行和毁灭的震撼！

【画面：导演乔治·卢卡斯在颁奖典礼上接过奥斯卡奖杯】

文案：最后，咱们来谈谈成就！导演乔治·卢卡斯以他的创意和才华，打造了这个史诗级的宇宙传奇。他的奇思妙想和精湛的制作团队，为我们带来了一部部引人入胜的电影作品。不仅仅是票房的成功，还有获得的奖项和赞誉，让他站在奥斯卡颁奖典礼的舞台上，接过那座闪耀的奖杯！

文案：亲爱的观众朋友们，你们准备好跟随我们踏上这场笑料与刺激并存的星球大战了吗？别忘了在评论区告诉我们，你最喜欢《星球大战》中的哪个剧情、特效或成就！愿原力与你同在！

图 1-26　ChatGPT 生成的影视解说类短视频文案（续）

1.3.2　情景短剧，巧妙设置冲突

情景短剧类视频文案通常用一个小故事的形式来抒发情感，反映社会问题。不过，想让视频吸引更多关注，用户就要在生成文案时要求 ChatGPT 设置剧情冲突，这样才不会让观众在观看时觉得无聊。下面介绍运用 ChatGPT 生成情景短剧类视频文案的操作方法。

扫码看视频

01　在 ChatGPT 的输入框中输入对话前提，例如输入“你了解情景短剧类短视频文案吗”，生成的回复如图 1-27 所示，确认 ChatGPT 对情景短剧类短视频文案的了解程度。

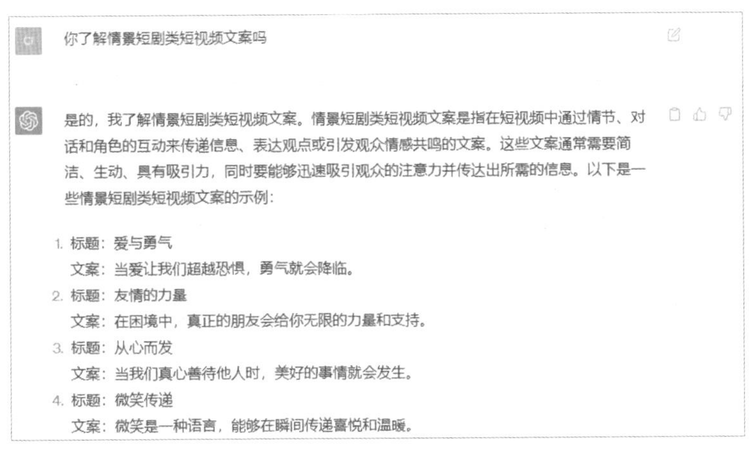

你了解情景短剧类短视频文案吗

是的，我了解情景短剧类短视频文案。情景短剧类短视频文案是指在短视频中通过情节、对话和角色的互动来传递信息、表达观点或引发观众情感共鸣的文案。这些文案通常需要简洁、生动、具有吸引力，同时要能够迅速吸引观众的注意力并传达出所需的信息。以下是一些情景短剧类短视频文案的示例：

1. 标题：爱与勇气
   文案：当爱让我们超越恐惧，勇气就会降临。
2. 标题：友情的力量
   文案：在困境中，真正的朋友会给你无限的力量和支持。
3. 标题：从心而发
   文案：当我们真心善待他人时，美好的事情就会发生。
4. 标题：微笑传递
   文案：微笑是一种语言，能够在瞬间传递喜悦和温暖。

图 1-27　ChatGPT 生成情景短剧类短视频文案的释义

5. 标题：勇敢追梦
文案：只有勇敢去追逐自己的梦想，才能找到真正的幸福。

这些文案旨在激发观众的情感，让他们对故事情节产生共鸣，并传递出一定的信息或价值观。根据具体情景和主题，可以灵活运用适当的词语和叙述方式来编写文案。希望这些示例能够帮助到你，如果你还有其他问题，请随时提问。

图 1-27 ChatGPT 生成情景短剧类短视频文案的释义（续）

02 在 ChatGPT 的输入框中，输入对视频文案的具体需求，例如输入“以一个女孩和一条宠物狗为主题，创作一篇情景短剧类短视频文案。要求：设置剧情冲突，结局感人”，生成的回复如图 1-28 所示。

以一个女孩和一条宠物狗为主题，创作一篇情景短剧类短视频文案。要求：设置剧情冲突，结局感人

标题：无畏的陪伴

场景：公园

角色：

- 莉莉（Lily）：一个孤独而内向的女孩
- 巴克（Buck）：一只忠诚而活泼的宠物狗

文案：
画面：公园里，Lily独自坐在长椅上，神情寂寞。

文案：《无畏的陪伴》

画面：巴克从远处跑来，看到Lily，兴奋地冲向她。

文案：在一个意外的邂逅中，他们的故事开始了。

画面：Lily开始畏惧巴克，试图离开，但巴克不断靠近她，表达友好。

文案：巴克的无私陪伴，渐渐融化了Lily的心。

画面：Lily和巴克一起玩耍，彼此之间建立了深厚的情感纽带。

文案：他们一起分享欢乐，克服困难。

画面：突然，Lily陷入剧大的恐惧中，她患有恐高症。

文案：然而，挑战即将到来。

画面：Lily发现自己困在一个高处，无法下来，她感到惊恐不安。

文案：在恐惧面前，友情无所畏惧。

画面：巴克察觉到Lily的困境，毫不犹豫地跳上高处，与她并肩站立。

文案：巴克的勇敢行动给予Lily勇气，让她感受到无条件的支持和保护。

画面：巴克稳定着Lily的情绪，她逐渐放下恐惧，重新找回了勇气。

文案：在宠物狗的陪伴下，她战胜了恐高症。

画面：Lily深情地拥抱巴克，泪水在她眼中闪动。

图 1-28 ChatGPT 生成的情景短剧类短视频文案

文案：友情的力量，超越一切困难。

画面：画面渐渐淡出，留下两个彼此依靠的伙伴。

文案：《无畏的陪伴》，一段真挚而感人的故事。

结束语：当友情与勇气相伴，我们可以战胜内心的恐惧，迎接更美好的未来。

这个文案以一个女孩和一条宠物狗之间的关系为主题，通过设置Lily的恐高症作为剧情冲突，表达了巴克无私的陪伴和勇敢的行动，帮助Lily克服恐惧。结局感人，强调了友情的力量和互相扶持的重要性。希望这个文案能够帮助你构思情景短剧类短视频的剧情。如有需要，我可以为你提供更多创作帮助。

图 1-28　ChatGPT 生成的情景短剧类短视频文案（续）

1.3.3　知识科普，获得专业讲解

知识科普类短视频文案的目的是向受众介绍和解释某一事物或现象。这类文案的专业性较强，但语言风格通常是轻松、幽默的，让观众在接受知识的过程中不会觉得枯燥、乏味。下面介绍运用 ChatGPT 生成知识科普类短视频文案的操作方法。

扫码看视频

01　在 ChatGPT 的输入框中，输入“你了解知识科普类短视频文案吗”，生成的回复如图 1-29 所示，确认 ChatGPT 对知识科普类短视频文案的了解程度。

你了解知识科普类短视频文案吗

是的，我可以帮助你撰写知识科普类短视频文案。知识科普类短视频旨在向观众传递有趣而有用的知识，激发他们的好奇心和学习欲望。以下是一些可以用于知识科普类短视频的文案示例。

1. 主题：太空探索
   文案：你是否好奇宇宙中的奇妙景象？在这个短视频中，我们将带你探索太空的奥秘，揭示行星、星系和黑洞的神秘面纱。准备好迎接一场令人叹为观止的宇宙之旅吧！
2. 主题：环保生活
   文案：保护地球，从我做起！这个短视频将告诉你如何在日常生活中采取简单的环保举措，如节能减排、垃圾分类和可持续消费。让我们一起行动，为我们的星球创造更美好的未来！
3. 主题：人类大脑
   文案：你知道吗？我们的大脑是一个真正的奇迹！在这个短视频中，我们将带你了解大脑的工作原理，解释记忆、学习和思维背后的运作方式。准备好揭开大脑的神秘面纱了吗？
4. 主题：生物多样性
   文案：地球上有如此多种类的生命！在这个短视频中，我们将向你展示地球上最神奇的生物群体，探索热带雨林、珊瑚礁和深海的多样性。让我们一起欣赏大自然的壮丽之美！
5. 主题：科技创新
   文案：科技改变世界！这个短视频将带你了解最新的科技创新，如人工智能、虚拟现实和区块链。你将了解这些创新如何影响我们的生活，并探索未来科技的无限可能性。

这些文案示例旨在激发观众的兴趣，并在短时间内传递有趣的知识点。根据不同的主题和目标受众，你可以调整文案的语气、节奏和内容，以便更好地吸引观众的注意力。

图 1-29　ChatGPT 生成知识科普类短视频文案的释义

02 在 ChatGPT 的输入框中，输入“请以马尔济斯犬的趣事为主题，撰写 10 个知识科普类短视频文案的主题”，生成的回复如图 1-30 所示，让 ChatGPT 为用户提供一些文案主题的建议。

请以马尔济斯犬的趣事为主题，撰写10个知识科普类短视频文案的主题

当然，以下是以马尔济斯犬的趣事为主题的10个知识科普类短视频文案主题。

1. 主题：马尔济斯犬的历史之旅
   文案：穿越时光，探索马尔济斯犬的古老历史！从古希腊和古罗马时期的贵族宠物到今天的明星伴侣，让我们一起揭开这个犬种的神秘过往。
2. 主题：舞台上的明星犬
   文案：它们不仅是可爱的宠物，还是舞台上的明星！让我们一起回顾一些著名电影和名人宠物中闪耀登场的马尔济斯犬，感受它们的魅力。
3. 主题：马尔济斯犬的跳跃秀
   文案：小巧身躯中蕴含的惊人力量！马尔济斯犬的跳跃技巧令人惊叹。在这个短视频中，我们将一起目睹它们轻松跃过障碍物的高超本领。
4. 主题：社交达人马尔济斯犬
   文案：宴会的宠儿！马尔济斯犬是真正的社交达人。让我们一起了解它们与人互动、与其他宠物相处的友善特点，感受它们在社交场合中的魅力。
5. 主题：长寿的马尔济斯犬
   文案：永远年轻的秘诀！马尔济斯犬是一个长寿的犬种。在这个视频中，我们将揭示马尔济斯犬的养护秘诀，帮助它们保持健康和长寿。
6. 主题：马尔济斯犬的华丽发型
   文案：丝绸般的毛发艺术！马尔济斯犬的丰富长毛是它们的骄傲。让我们一起探索它们的不同发型、护理技巧和如何让它们始终保持迷人的外观。
7. 主题：小犬大智慧：马尔济斯犬的聪明才智
   文案：外表虽小，内心却充满智慧！马尔济斯犬是聪明的犬种，具有很强的学习能力。在这个视频中，我们将一起见证它们的聪明才智。
8. 主题：过敏友好的马尔济斯犬
   文案：和过敏体质的人们共度美好时光！马尔济斯犬通常是过敏友好的犬种，让过敏体质的人们也能享受与它们相伴的乐趣。让我们一起来了解为什么它们是过敏友好的选择。
9. 主题：马尔济斯犬的爆笑时刻
   文案：小小身躯，大大笑容！马尔济斯犬总是能给我们带来欢乐。在这个视频中，我们将分享一些马尔济斯犬的爆笑时刻，让你开怀大笑。
10. 主题：马尔济斯犬的全球魅力
    文案：无边界的爱！马尔济斯犬是一个受欢迎的犬种，受到全球爱犬者的喜爱。在这个视频中，我们将一起了解它们在世界各地的受欢迎程度，感受它们的全球魅力。

这些文案主题旨在通过有趣的角度，向观众传递关于马尔济斯犬的知识，并激发他们对这个迷人犬种的兴趣。根据不同的观众群体和平台需求，可以调整文案的语气和表达方式，以达到更好的效果。

图 1-30 ChatGPT 生成的 10 个文案主题

03 在 ChatGPT 的输入框中，输入“以过敏友好的马尔济斯犬为主题，介绍马尔济斯犬为什么是过敏体质人士的宠物选择，创作一篇知识科普类短视频文案。要求：语言幽默，具备专业知识的讲解”，生成的回复如图 1-31 所示。

以过敏友好的马尔济斯犬为主题，介绍马尔济斯犬为什么是过敏体质人士的宠物选择，创作一篇知识科普类短视频文案。要求：语言幽默，具备专业知识的讲解

（视频开场，欢快的音乐声）

文案：
大家好，今天我要介绍给大家一个毛茸茸的小宠物，它不仅可爱迷人，而且还是过敏体质人士的超级宠物选择！没错，它就是——马尔济斯犬！

（视频切换至马尔济斯犬的可爱画面）

首先，马尔济斯犬的掉毛问题几乎可以忽略不计！它们的毛发精心设计，几乎不会在你家里留下什么痕迹。不用再为家里到处都是毛团而烦恼了，你的过敏问题瞬间解决！

其次，马尔济斯犬的皮肤非常健康，没有鳞片存在！想象一下，你不会再被那些可恶的鳞片搞得不停打喷嚏，你可以和你的宠物无忧地亲密接触。

而且，马尔济斯犬的毛发中分泌的蛋白质非常低。这意味着你不用再担心过敏原的困扰，你可以安心地享受它们的陪伴。

总结一下，马尔济斯犬的少掉毛、无鳞片、低蛋白质分泌等特点，使其成为过敏体质人士的理想宠物选择。它们不仅是你的宠物，更是你的忠实伙伴，陪伴你度过每一天。现在，你再也不用忍受过敏困扰，让马尔济斯犬带给你无忧的宠物生活吧！

（视频结束，欢快的音乐声）

图 1-31　ChatGPT 生成的知识科普类短视频文案

1.3.4　哲理口播，蕴含深刻道理

哲理口播类短视频文案，是指通过口播视频的形式进行生活哲理分享和讲解的文字描述，能够帮助观众领悟生活的真谛、解决心灵的困扰。下面介绍运用 ChatGPT 生成知识科普类短视频文案的操作方法。

扫码看视频

01　让 ChatGPT 生成对话前提，在输入框中输入“提供完整的哲理口播类短视频的脚本文案示例”，生成的回复如图 1-32 所示，确认 ChatGPT 是否了解哲理口播类短视频脚本文案的写法。

02　在输入框中输入“请以学会接受为主题，创作一篇哲理口播类短视频文案。要求：道理深刻，适当举例，向人传达积极向上的思想”，生成的回复如图 1-33 所示。

提供完整的哲理口播类短视频的脚本文案示例

标题：人生的美丽之旅

镜头：一片宁静的湖泊，清晨的阳光洒在水面上，倒映出绚丽的色彩。

旁白：人生如同一场美丽的旅程，每个人都在这个世界上拥有属于自己的角色和使命。然而，我们常常陷入忙碌和焦虑之中，忽略了生活的真正意义。

镜头：忙碌的都市街道，人们匆匆忙忙地穿梭于高楼大厦之间。

旁白：我们追逐金钱、权力和名誉，但是我们是否真正找到了内心的满足呢？

镜头：一位老人独自坐在公园的长椅上，微笑看着周围的一切。

旁白：在忙碌的生活中，我们需要慢下来，聆听内心的声音。生活并不仅仅是为了工作和成功，它还有更深层次的意义。

镜头：一位年轻人走进图书馆，专注地阅读着一本书。

旁白：通过知识的积累和学习，我们能够不断拓宽自己的视野，发现生活中的美好和智慧。

镜头：一位妈妈陪着孩子在花园里玩耍，笑声和快乐弥漫在空气中。

旁白：家庭和亲情是生命中最重要的支撑，无论成功与否，我们始终需要爱和被爱。

镜头：一位登山者站在山顶，俯瞰着壮丽的风景。

旁白：挑战自我、突破自我是人生中不可或缺的一部分。只有通过克服困难和追求梦想，我们才能真正感受到成就的喜悦。

镜头：一位志愿者在帮助需要帮助的人们，带给他们温暖和希望。

旁白：无私的奉献和善良的行为是我们与他人建立联系的桥梁，也是我们灵魂的滋养。

镜头：一群朋友围坐在一起，分享着欢笑和温馨的时光。

旁白：友谊和社交是人类生活中不可或缺的一部分，它们给予我们力量和支持。

镜头：夕阳的余晖照耀在大海上，波涛汹涌，展示出自然的壮丽。

旁白：我们身处于宏伟的自然中，应该学会尊重和保护它，与自然和谐共生。

镜头：一位年长者静静地坐在家中，微笑地回忆着过去的美好时光。

旁白：在人生的尽头，我们将回首往事，珍惜曾经的点滴，因为那些经历和回忆构成了我们独一无二的存在。

镜头：一朵绽放的鲜花，传递着生命的力量和美丽。

旁白：人生就像一朵花，每个人都有属于自己的色彩和光辉，让我们珍惜这美丽的旅程，让我们的人生绽放出最美的芬芳。

结尾：画面逐渐变黑，出现字幕：“珍惜每一个瞬间，感受人生的真谛。”

音乐渐弱，画面完全黑暗。

字幕：用心体验，人生的美丽之旅

片尾。

注：这是一个较为简短的哲理口播类短视频脚本文案示例，可根据实际情况和需求进行修改和调整。

图 1–32　ChatGPT 生成的对话前提内容

请以学会接受为主题，创作一篇哲理口播类短视频文案。要求：道理深刻，适当举例，向人传达积极向上的思想

标题：接受，放下束缚，重获自由

镜头：一个人孤独地站在崎岖的山路上，眺望远方的群山，脸上带着迷茫和挣扎的表情。

旁白：在人生的旅途中，我们经历了许多起伏和挫折。学会接受，是一种解脱，也是重新获得内心自由的关键。

镜头：一位失去工作的人面对失业的现实，深呼吸后，展现出坚定而坚强的眼神。

旁白：当我们失去工作或遭受职业挫折时，学会接受是我们走向新的机遇和职业成长的第一步。接受现实，放下旧有的束缚，我们将发现自己有更广阔的发展空间。

镜头：一位失恋的人坐在海边，凝视着海浪涌动的景象，眼神中流露出深深的伤痛。

旁白：爱情的失去往往令人痛苦不堪，但学会接受是我们开始疗愈的关键。接受爱情的终结，释放过去的困扰，我们才能重新找到内心的平静和幸福。

镜头：一位身患绝症的人，坐在花园里，微笑着欣赏鲜花的美丽。

旁白：当面对严峻的疾病时，学会接受是我们保持内心平静和坚强的力量。接受病痛的存在，珍惜生命中的每一个美好时刻，我们能够以积极的态度面对一切。

镜头：一位经历失败的创业者，站在城市高楼的楼顶，迎着风，展现出决心和勇气的眼神。

旁白：创业之路充满坎坷和风险，但学会接受是我们重新振作的关键。接受失败的教训，放下对过去的埋怨，我们能够重整旗鼓，开创属于自己的辉煌。

镜头：一群朋友围坐在篝火旁，互相分享着快乐。

旁白：在人际关系中，学会接受是我们建立深厚友谊的基础。接受他人的缺点和差异，我们能够包容、理解和支持彼此，共同走向成长和幸福。

结尾：画面渐渐明亮，出现字幕："学会接受，放下束缚，重获自由。"

音乐渐强，画面切换至一片开阔的原野。

字幕：用心领悟，学会接受，走向真正的自由。

片尾。

注：这是一篇以学会接受为主题的哲理口播类短视频脚本文案示例，通过深刻的道理和积极向上的思想，向人传达学会接受的重要性以及放下束缚所带来的内心自由。根据实际情况和需求，可以进行修改和调整。

图 1-33　ChatGPT 生成的哲理口播类短视频文案

1.3.5　图文分享，创作精美文案

图文分享类短视频是一种制作简单又广受欢迎的短视频，通常由多条文案和对应的图片组成。这些文案彼此间没有直接关联，但都体现了视频的主题。用户不仅可以借助 ChatGPT 轻松生成文案，还能让 ChatGPT 提供相应的配图建议，进一步提高视频制作的效率。下面介绍运用 ChatGPT 生成图文分享

扫码看视频

类短视频文案的操作方法。

01 在 ChatGPT 的输入框中，输入“你了解图文分享类短视频文案吗”，生成的回复如图 1-34 所示，确认 ChatGPT 是否了解图文分享类短视频文案。

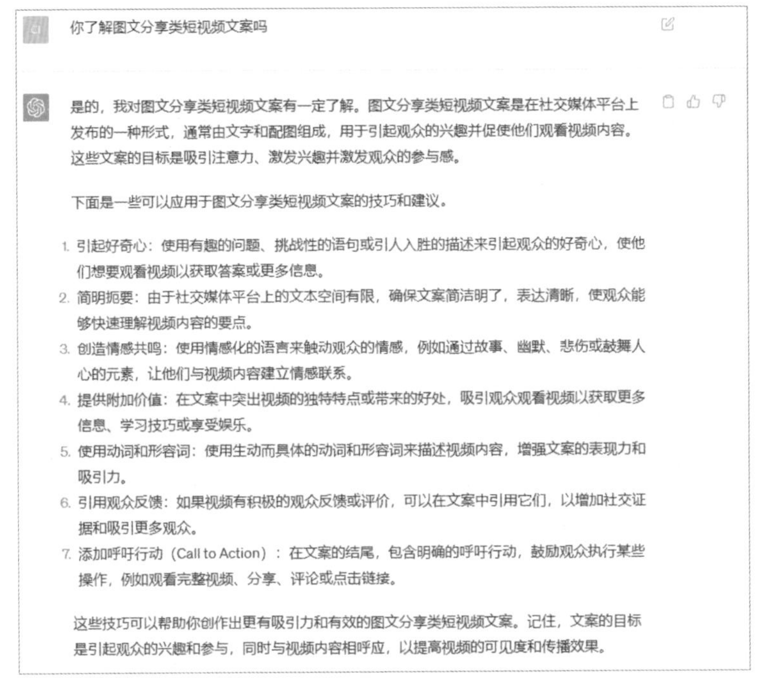

图 1-34　ChatGPT 生成影视解说类视频文案的释义

02 在 ChatGPT 的输入框中，输入“以夕阳为主题，提供 10 条图文分享类短视频文案。要求：语句唯美，富含哲理，并提供配图建议”，生成的回复如图 1-35 所示。用户可以根据 ChatGPT 提供的配图建议去寻找或生成对应的图片，并搭配生成的文案制作成完整的图文视频。

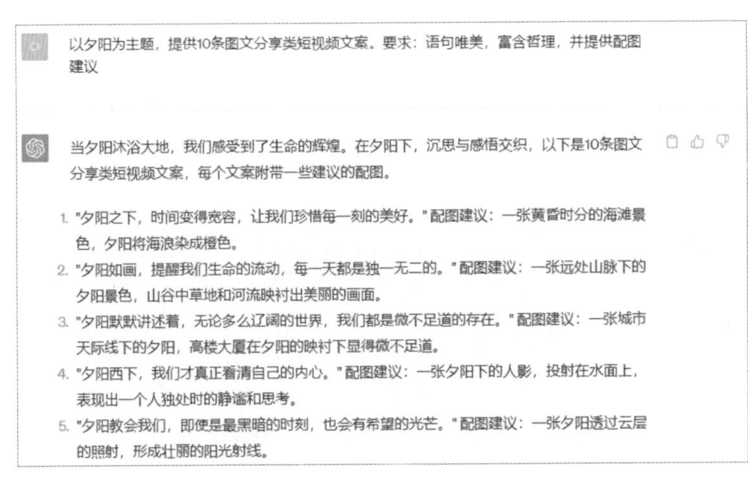

图 1-35　ChatGPT 生成的图文分享类短视频文案

6. "夕阳在黄昏中追寻，我们在生活里寻找着自己的方向。"配图建议：一张夕阳渐渐落下的背景下，一个人站在海滩上，眺望远方。
7. "夕阳不辜负任何一片云彩，而我们也应该珍惜每个人的存在。"配图建议：一张夕阳映照在湖面上，反射出多彩的云彩。
8. "夕阳是一支无声的笔，将大地沉浸在金色的诗意之中。"配图建议：一张夕阳下的麦田或花海，金黄色的色调充满诗意。
9. "夕阳与大海相拥，见证着时间的流转，也勾勒出我们的生命历程。"配图建议：一张夕阳下的海岸线，波涛汹涌，呈现出壮观的景象。
10. "夕阳下，默默地散发出温暖，仿佛是生命的微光在寂静的时刻闪耀。"配图建议：一张夕阳透过树林的照射，给予林间小径一片温暖的光芒。

这些文案和配图的组合可以在短视频分享中营造出唯美、哲理的氛围，引起观众的共鸣和思考。记得根据具体情境和平台的要求，调整文案和配图的尺寸和格式。

图 1-35　ChatGPT 生成的图文分享类短视频文案（续）

本章小结

本章主要为读者介绍使用 ChatGPT 进行文本创作的相关基础知识，包括 6 个 ChatGPT 的使用技巧、4 类脚本文案和 5 种热门短视频文案的生成方法。通过本章的学习，读者能够更好地掌握 AI 文案的生成方法。

课后习题

为了使读者更好地掌握本章所学知识，下面将通过课后习题帮助读者进行简单的知识回顾和补充。

1. 用 ChatGPT 生成一篇关于"海为什么是蓝色的"知识科普类短视频文案。

2. 用 ChatGPT 生成一篇关于"人生修行的哲理"口播类短视频分镜头脚本。

第 2 章
素材生成：绘制视频所需的画面

如果用户在制作视频时没有合适的素材，就可以考虑通过 AI 绘画来生成图片素材，这样不仅省时省力，还能随时随地根据用户的需求进行修改，以实现更美观的视频效果。本章介绍文心一格和 Midjourney 的使用技巧，帮助用户轻松生成好看的图片素材。

2.1　文心一格，创意生成

文心一格是由百度飞桨推出的一个 AI 艺术和创意辅助平台，利用飞桨的深度学习技术，帮助用户快速生成高质量图像。文心一格支持用户自行设置关键词、画面类型、图像比例、数量等参数，还提供了“自定义”AI 绘画模式，来满足用户更多的绘画需求。需要注意的是，即使是完全相同的关键词，文心一格每次生成的画作也会有所差异。

2.1.1　图片风格，选择合适类型

文心一格的图片风格类型非常多，包括“智能推荐”“艺术创想”“唯美二次元”“中国风”“概念插画”“明亮插画”“梵高”“超现实主义”“插画”“像素艺术”“炫彩插画”等。下面介绍选择合适的图片风格的操作方法。

扫码看视频

01　进入“AI 创作”页面，输入相应的关键词，在“画面类型”选项区中单击“更多”按钮，如图 2-1 所示。

02　执行操作后，即可展开“画面类型”选项区，在其中选择“唯美二次元”选项，如图 2-2 所示。

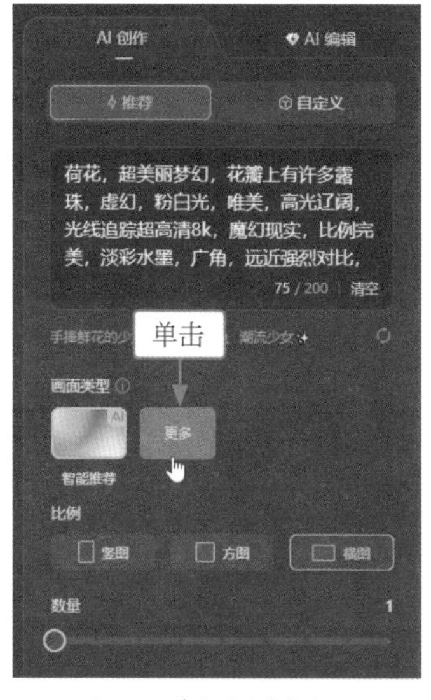

图 2-1　单击“更多”按钮

图 2-2　选择“唯美二次元”选项

03　单击“立即生成”按钮，即可生成一幅“唯美二次元”风格的 AI 绘画作品，效果如图 2-3 所示。

图 2-3 生成“唯美二次元”风格的 AI 绘画作品

专家提醒

同样的 AI 绘画关键词，选择不同的画面类型，生成的图片风格大不相同。图 2-4 为“超现实主义”风格的图片效果，画面更加虚幻。

图 2-4 “超现实主义”风格的图片效果

2.1.2 设置比例，控制生成数量

在文心一格中除了可以选择多种图片风格，还可以设置图片的比例（竖图、方图和横图）和数量（最多 9 张），具体操作方法如下。

扫码看视频

01 进入“AI 创作”页面，输入相应的关键词，设置“比例”为“方图”和“数量”为 2，如图 2-5 所示。

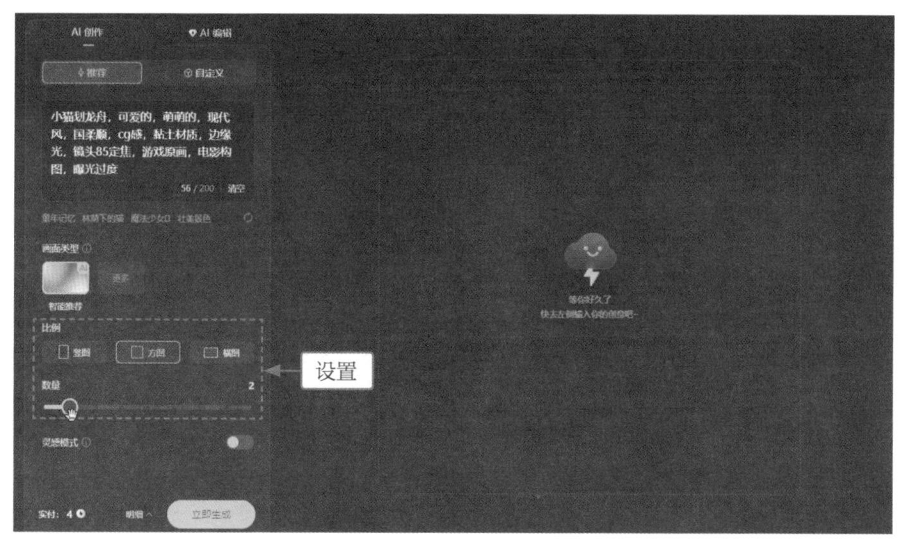

图 2-5　设置图片比例和数量

02　单击“立即生成”按钮，生成两幅 AI 绘画作品，效果如图 2-6 所示。

图 2-6　生成两幅 AI 绘画作品

2.1.3　自定义模式，个性化设置

扫码看视频

使用文心一格的“自定义”AI 绘画模式，用户可以设置更多的关键词，从而让生成的图片效果更加符合需求，具体操作方法如下。

01 进入“AI 创作”页面，切换至“自定义”选项卡，输入相应的关键词，设置“选择 AI 画师”为“创艺”，如图 2-7 所示。

02 在下方设置“尺寸”为 4:3、“数量”为 1，如图 2-8 所示。

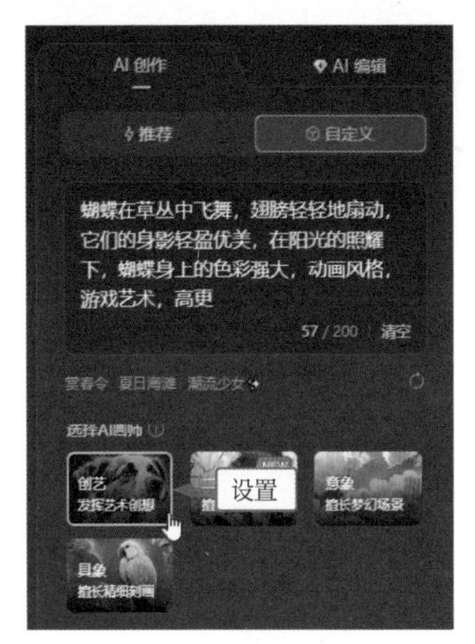

图 2-7　自定义设置 AI 画师风格

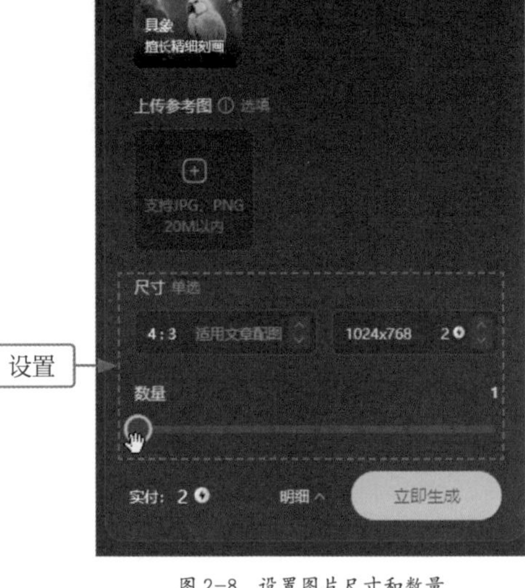

图 2-8　设置图片尺寸和数量

03 单击页面下方的“立即生成”按钮，即可生成自定义的 AI 绘画作品，效果如图 2-9 所示。

图 2-9　生成自定义的 AI 绘画作品

2.1.4　上传参考，生成类似图片

在“自定义”AI 绘画模式中，用户使用文心一格的“上传参考图”功能，可以上传任意一张图片，并通过文字描述想要修改的地方，生成类似的图片效果，具体操作方法如下。

扫码看视频

01　在“AI 创作”页面的“自定义”选项卡中，输入相应关键词，设置“选择 AI 画师”为“创艺”，单击“上传参考图”下方的按钮，如图 2-10 所示。

02　执行操作后，弹出“打开”对话框，选择相应的参考图，如图 2-11 所示。

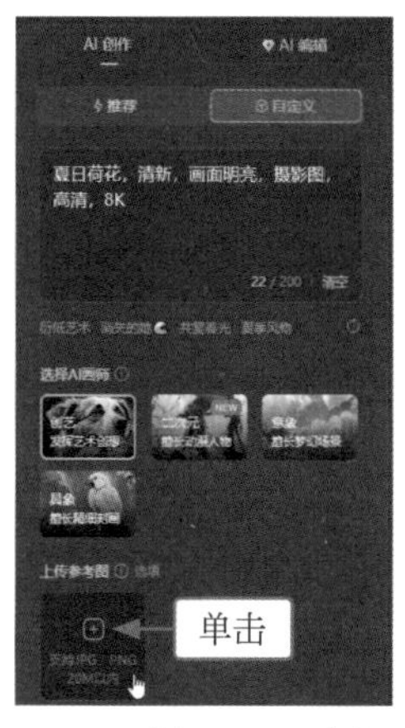

图 2-10　单击按钮上传参考图

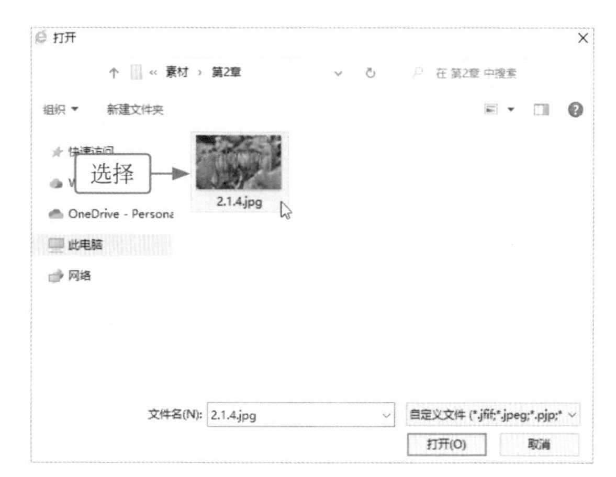

图 2-11　选择参考图

03　单击“打开”按钮，上传参考图，并设置“影响比重”参数为 8，如图 2-12 所示，该数值越大，参考图的影响就越大。

04　在下方设置“尺寸”为 3:2、“数量”为 1，如图 2-13 所示。

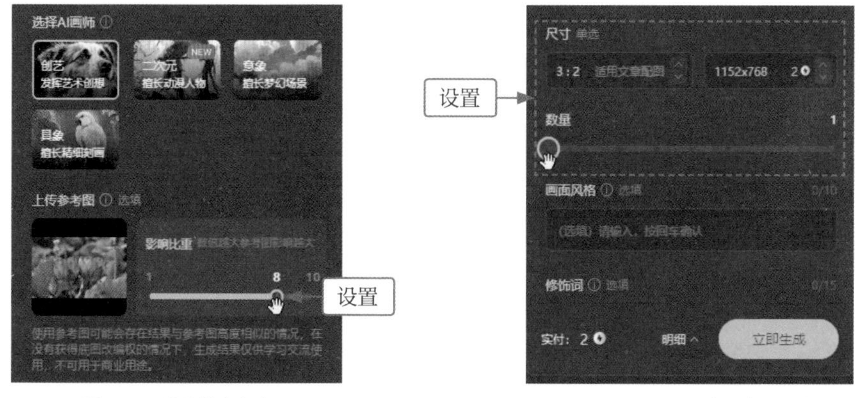

图 2-12　设置影响比重　　图 2-13　设置图片尺寸和数量

05　单击“立即生成”按钮，即可根据参考图生成类似的图片效果，如图 2-14 所示。

图 2-14　根据参考图生成类似的图片效果

2.1.5　画面风格，生成不同类型

扫码看视频

在文心一格的“自定义”AI 绘画模式中，用户除了可以选择“AI 画师”外，还可以输入自定义的画面风格关键词，从而生成各种类型的图片，具体操作方法如下。

01　在“AI 创作”页面的“自定义”选项卡中，输入相应关键词，设置“选择 AI 画师”为“创艺”，如图 2-15 所示。

02　在下方设置“尺寸”为 3:2、“数量”为 1、“画面风格”为“矢量画”，如图 2-16 所示。

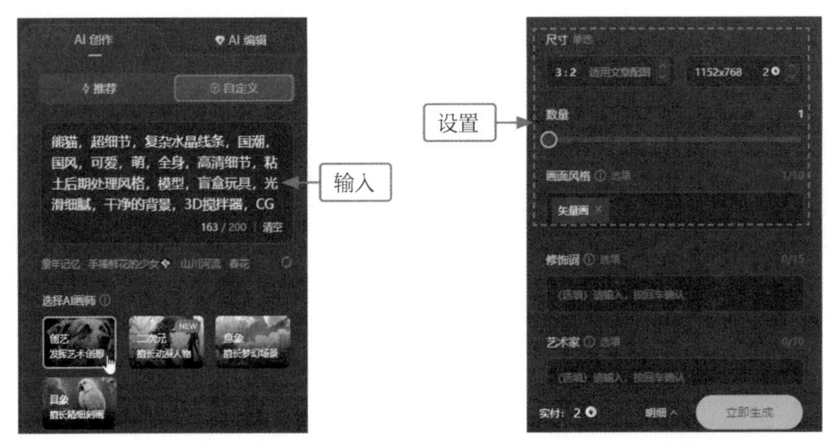

图 2-15　自定义设置关键词

图 2-16　设置图片参数

03　单击“立即生成”按钮，即可生成相应风格的图片，效果如图 2-17 所示。

图 2-17　根据自定义画面风格生成的图片效果

2.1.6　设置修饰词，提升图片质量

使用修饰词可以提升文心一格的出图质量，而且修饰词还可以叠加使用，具体操作方法如下。

扫码看视频

01　在“AI 创作”页面的“自定义”选项卡中，输入相应关键词，设置“选择 AI 画师”为“创艺”，如图 2-18 所示。

02　在下方设置“尺寸”为 16:9、“数量”为 1、“画面风格”为“矢量画”，如图 2-19 所示。

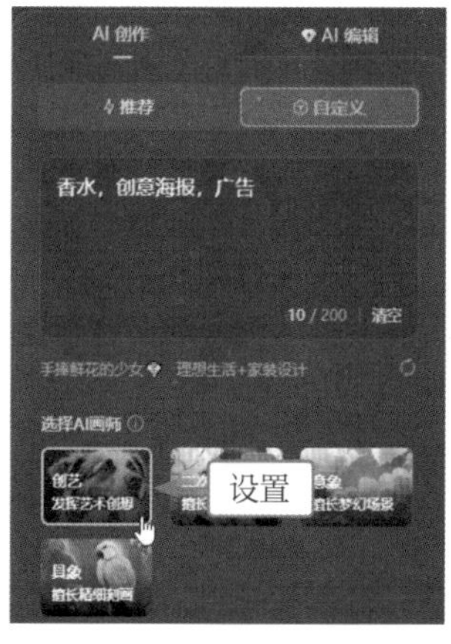

图 2-18　自定义设置 AI 画师风格

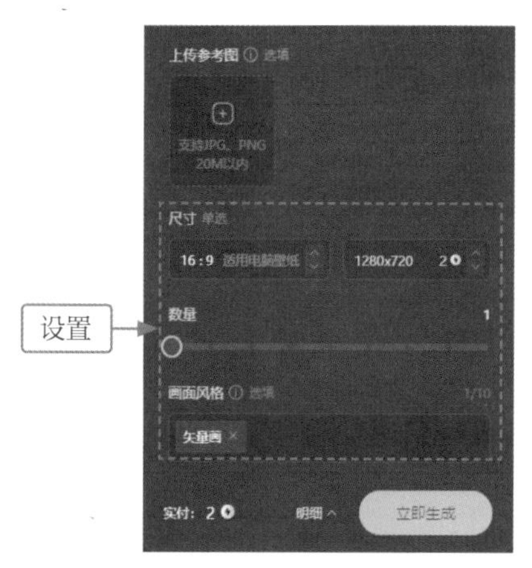

图 2-19　设置图片参数

03 单击“修饰词”下方的输入框，在弹出的面板中单击“cg 渲染”标签，如图 2-20 所示，即可将该修饰词添加到输入框中。

04 使用同样的操作方法，添加“摄影风格”修饰词，如图 2-21 所示。

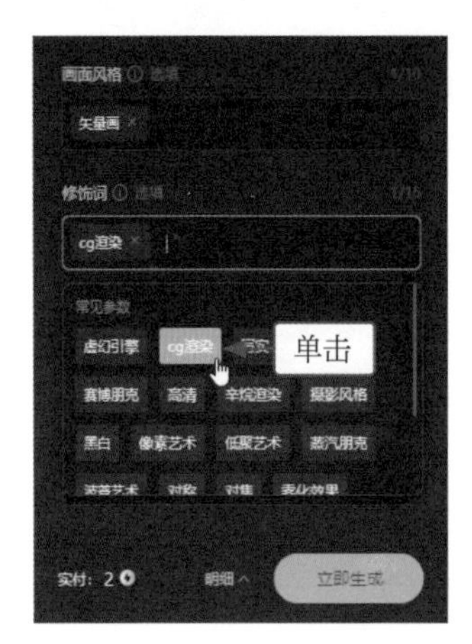

图 2-20　单击“cg 渲染”标签

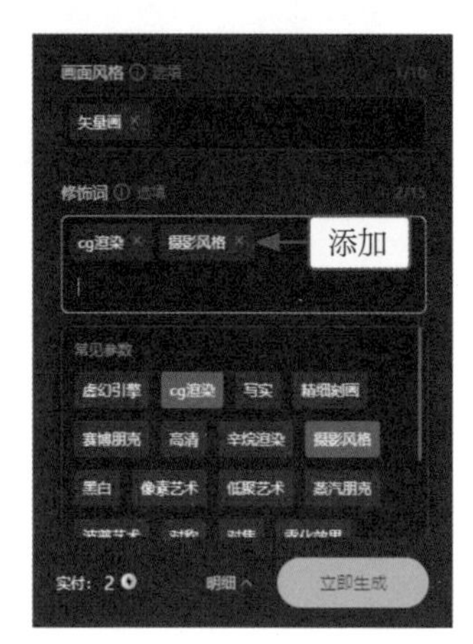

图 2-21　添加“摄影风格”修饰词

专家提醒

cg 是计算机图形 (computer graphics) 的缩写，是指使用计算机来创建、处理和显示图形的技术。

05 单击“立即生成”按钮，即可生成品质更高且更具摄影感的图片，效果如图 2-22 所示。

图 2-22　生成高品质的图片效果

2.1.7　艺术家，模仿绘画风格

在文心一格的“自定义”AI 绘画模式中，用户可以添加合适的艺术家效果关键词，来模拟特定的艺术家的绘画风格，生成相应的图片效果，具体操作方法如下。

扫码看视频

01 在“AI 创作”页面的“自定义”选项卡中，输入相应关键词，设置“选择 AI 画师”为“创艺”，如图 2-23 所示。

02 在下方设置“尺寸”为 16:9、“数量”为 1、“画面风格”为“水彩画”，如图 2-24 所示。

图 2-23　自定义设置 AI 画师风格

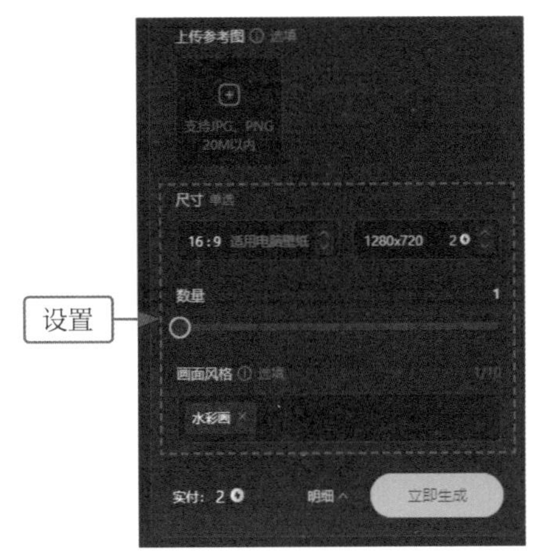

图 2-24　设置图片参数

03 单击“修饰词”下方的输入框，在弹出的面板中单击“高清”标签，如图 2-25 所示，即可将该修饰词添加到输入框中。

04 在“艺术家”输入框中，添加要模仿的艺术家名称，如图 2-26 所示。

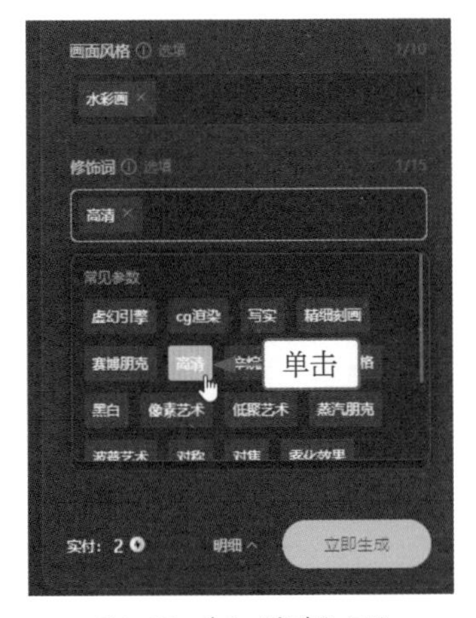

图 2-25　单击“高清”标签

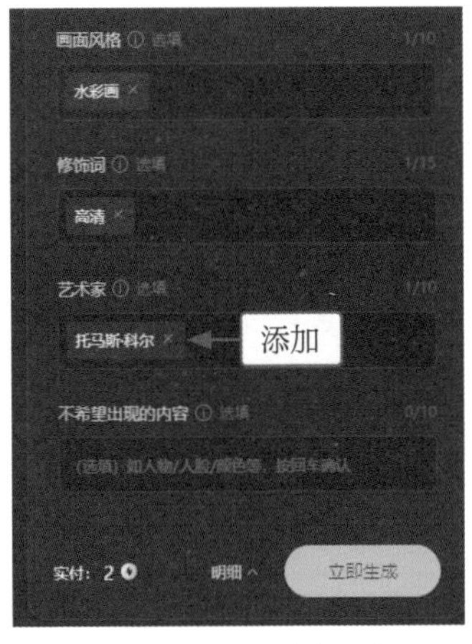

图 2-26　添加艺术家名称

05 单击“立即生成”按钮，即可生成相应的艺术家风格的图片效果，如图 2-27 所示。

图 2-27 生成艺术家风格的图片效果

2.1.8 避免出现，控制画面内容

在文心一格的“自定义”AI 绘画模式中，用户可以设置“不希望出现的内容”，从而在一定程度上减少该内容出现的概率，具体操作方法如下。

扫码看视频

01 在“AI 创作”页面的“自定义”选项卡中，输入相应关键词，设置“选择 AI 画师”为“创艺”，如图 2-28 所示。

02 在下方设置“尺寸”为 3:2、“数量”为 1、“画面风格”为“矢量画”，如图 2-29 所示。

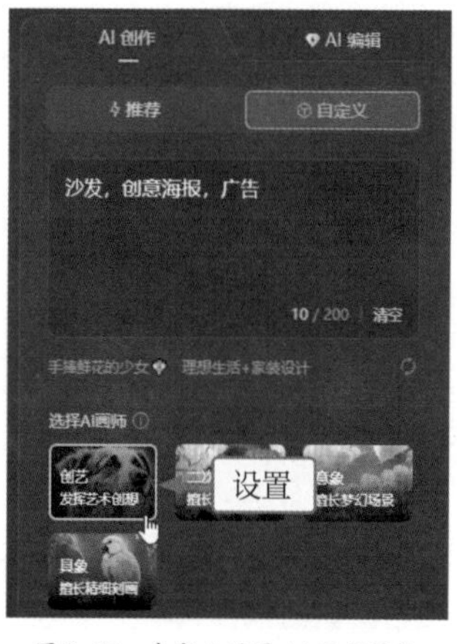

图 2-28 自定义设置 AI 画师风格

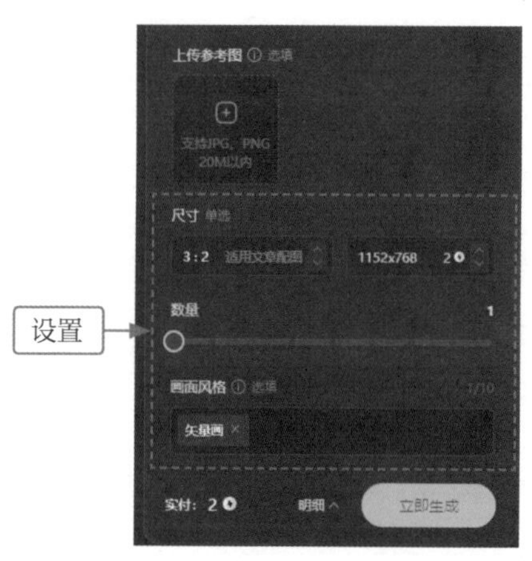

图 2-29 设置图片参数

03 单击“修饰词”下方的输入框，在弹出的面板中单击“写实”标签，如图 2-30 所示，即可将该修饰词添加到输入框中。

04 在“不希望出现的内容”下方的输入框中，输入“人物”标签，如图 2-31 所示，表示降低人物在画面中出现的概率。

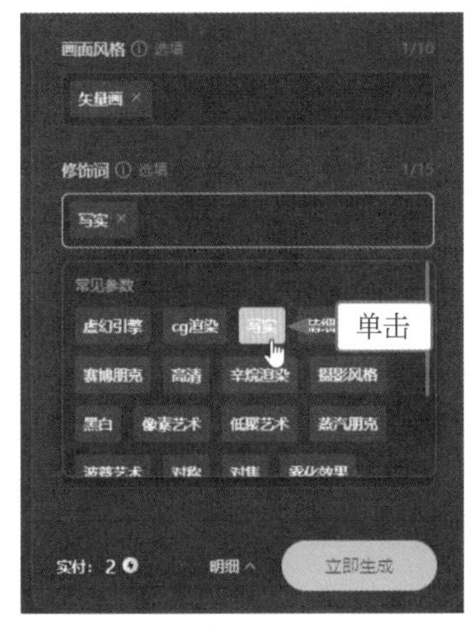

图 2-30　单击“写实”标签

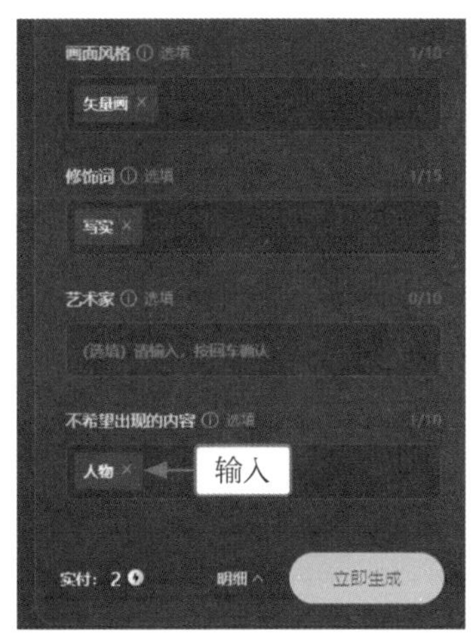

图 2-31　输入“人物”标签

05 单击“立即生成”按钮，即可生成相应的图片效果，如图 2-32 所示。

图 2-32　生成控制画面内容的图片效果

2.2 Midjourney，智能创作

Midjourney 是一个通过人工智能技术进行绘画创作的工具，用户在其中输入文字、图片等提示内容，就可以让 AI 机器人自动创作出符合要求的图片。不过，如果用户想生成高质量的图片，就需要大量的训练 AI 模型，并掌握一些绘画的高级设置，从而在生成图片时更加得心应手。

2.2.1 熟悉指令，掌握更多操作

在使用 Midjourney 进行 AI 绘画时，用户可以使用各种指令与 Discord 平台上的 Midjourney Bot（机器人）进行交互，从而告诉它想要获得一张什么样的效果图片。Midjourney 的指令主要用于创建图像、更改默认设置，以及执行其他任务。表 2-1 为 Midjourney 中的常用 AI 绘画指令。

表 2-1 Midjourney 中的常用 AI 绘画指令

指 令	描 述
/ask（问）	得到一个问题的答案
/blend（混合）	轻松地将两张图片混合在一起
/daily_theme（每日主题）	切换 #daily-theme 频道更新的通知
/docs（文档）	在 Midjourney Discord 官方服务器中使用，可快速生成指向本用户指南中涵盖的主题链接
/describe（描述）	根据用户上传的图像编写 4 个示例提示词
/faq（常见问题）	在 Midjourney Discord 官方服务器中使用，将快速生成一个链接，指向热门 prompt 技巧频道的常见问题解答
/fast（快速）	切换到快速模式
/help（帮助）	显示 Midjourney Bot 有关的基本信息和操作提示
/imagine（想象）	使用关键词或提示词生成图像
/info（信息）	查看有关用户的账号及任何排队（或正在运行）的作业信息
/stealth（隐身）	专业计划订阅用户可以通过该指令切换到隐身模式
/public（公共）	专业计划订阅用户可以通过该指令切换到公共模式
/subscribe（订阅）	为用户的账号页面生成个人链接
/settings（设置）	查看和调整 Midjourney Bot 的设置
/prefer option（偏好选项）	创建或管理自定义选项

（续表）

指　令	描　述
/prefer option list（偏好选项列表）	查看用户当前的自定义选项
/prefer suffix（喜欢后缀）	指定要添加到每个提示词末尾的后缀
/show（展示）	使用图像作业 ID（identity document，账号）在 Discord 平台中重新生成作业
/relax（放松）	切换到放松模式
/remix（混音）	切换到混音模式

2.2.2　以文生图，输入英文关键词

Midjourney 主要使用 imagine 指令和关键词等文字内容来完成 AI 绘画操作，用户应该尽量输入英文关键词。需要注意的是，AI 模型对于英文单词的首字母大小写格式没有要求，但注意每个关键词中间要添加一个逗号（英文字体格式）或空格。下面介绍在 Midjourney 中以文生图的具体操作方法。

扫码看视频

01　在 Midjourney 的输入框内输入 /（正斜杠符号），在弹出的列表框中选择 imagine 指令，如图 2-33 所示。

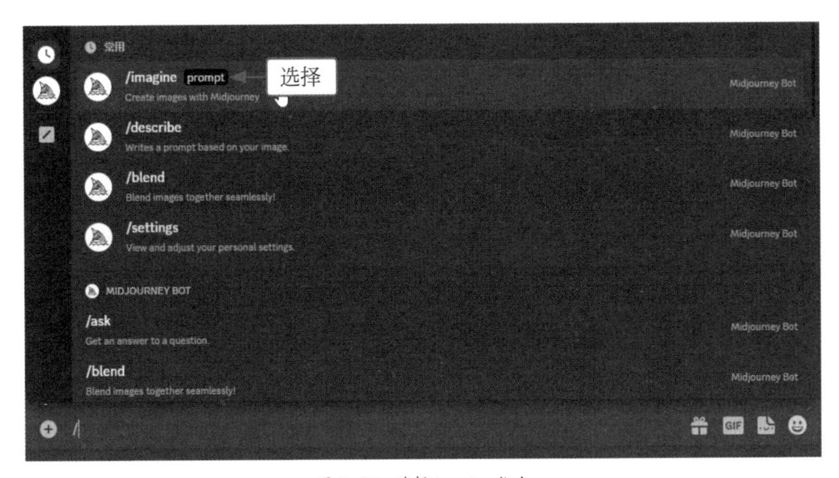

图 2-33　选择 imagine 指令

02　在 imagine 指令后方的 prompt（提示）输入框中，输入相应关键词，如图 2-34 所示。

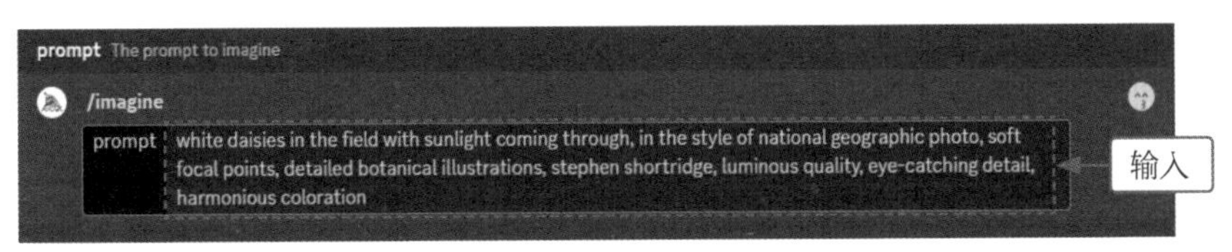

图 2-34　输入相应关键词

03 按 Enter 键确认，即可看到 Midjourney Bot 开始工作了，并显示图片的生成进度，如图 2-35 所示。

04 稍等片刻，Midjourney 生成 4 张对应的图片，单击 V1 按钮，如图 2-36 所示。V 按钮的功能是以所选的图片样式为模板重新生成 4 张图片。

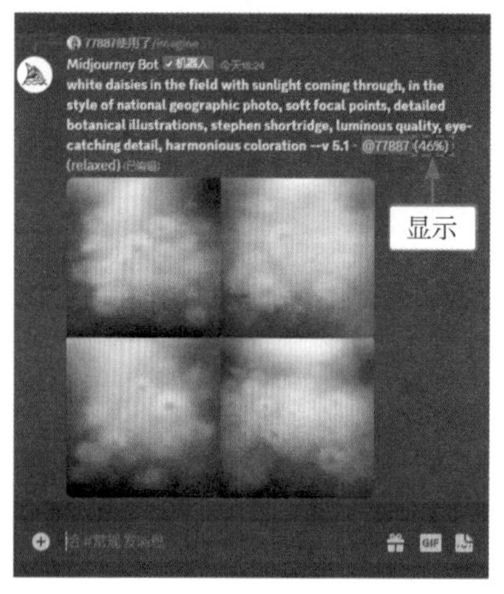

图 2-35　显示图片的生成进度

图 2-36　单击 V1 按钮

05 执行操作后，Midjourney 将以第 1 张图片为模板，重新生成 4 张图片，如图 2-37 所示。

06 如果用户对于重新生成的图片不满意，可以单击 (重做) 按钮，如图 2-38 所示，Midjourney 会再次生成 4 张图片。

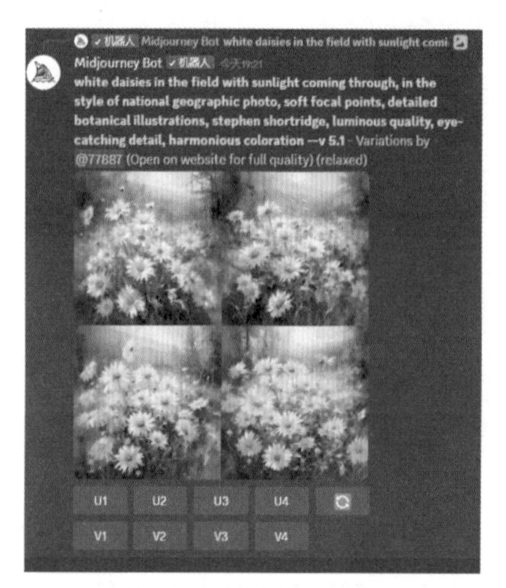

图 2-37　重新生成 4 张图片

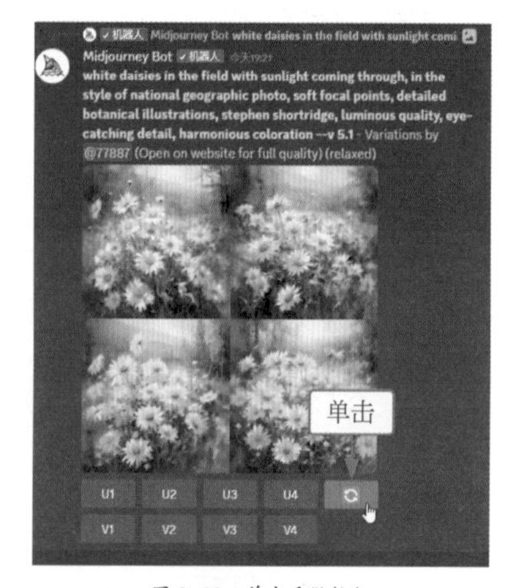

图 2-38　单击重做按钮

07 在重新生成的 4 张图片下方，单击 U2 按钮，如图 2-39 所示。

08 执行操作后，Midjourney 将在第 2 张图片的基础上进行更加精细的刻画，并放大图片效果，如图 2-40 所示。

图 2-39　单击 U2 按钮

图 2-40　放大图片效果

专家提醒

Midjourney 生成的图片效果下方的 U 按钮表示放大选中图片的细节，可以生成单张的大图效果。如果用户对于 4 张图片中的某张图片感到满意，可以使用 U1 ~ U4 按钮进行选择并生成大图效果，否则 4 张图片是拼在一起的。

09 单击 Make Variations（做出变更）按钮，将以该张图片为模板，重新生成 4 张图片，如图 2-41 所示。

10 单击 U3 按钮，放大第 3 张图片效果，如图 2-42 所示。

图 2-41　重新生成 4 张图片

图 2-42　放大第 3 张图片效果

2.2.3 以图生图，获取图片提示

在 Midjourney 中，用户可以使用 describe 指令获取图片的提示，然后根据提示内容和图片链接生成类似的图片，这个过程称为以图生图，也称为“垫图”。需要注意的是，提示词是关键词或指令的统称，网上部分用户也将其称为“咒语”。下面介绍在 Midjourney 中以图生图的具体操作方法。

扫码看视频

01 在 Midjourney 的输入框内输入 /，在弹出的列表框中选择 describe 指令，如图 2-43 所示。

02 执行操作后，单击上传按钮，如图 2-44 所示。

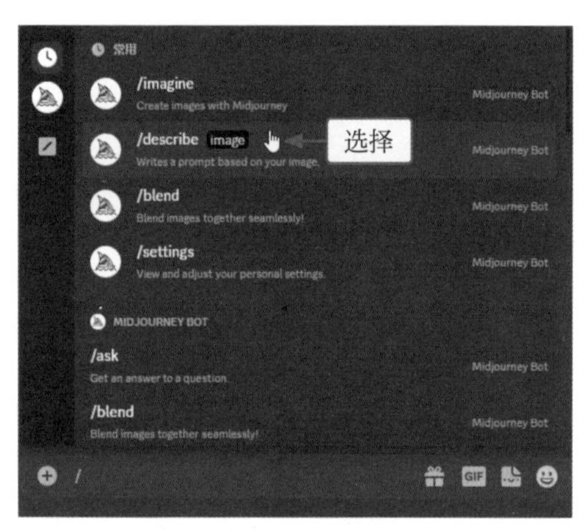

图 2-43 选择 describe 指令

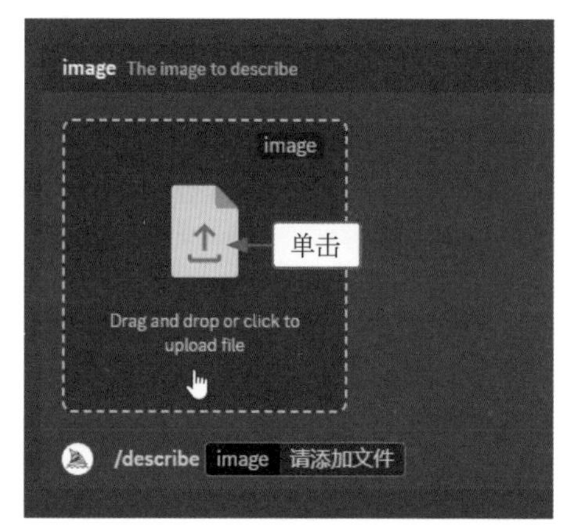

图 2-44 单击上传按钮

03 在弹出的“打开”对话框中，选择相应的图片，如图 2-45 所示。

04 单击“打开”按钮，将图片添加到 Midjourney 的输入框中，如图 2-46 所示，按两次 Enter 键确认。

图 2-45 选择相应的图片

图 2-46 添加图片到 Midjourney 的输入框中

05 执行操作后，Midjourney 会根据用户上传的图片生成 4 段提示词，如图 2-47 所示。用户可以通过复制提示词或单击下面的 1 ~ 4 按钮，以该图片为模板生成新的图片效果。

06 单击上传的图片，在弹出的预览图中单击鼠标右键，在弹出的快捷菜单中选择“复制图片地址”选项，如图 2-48 所示，复制图片链接。

图 2-47　生成 4 段提示词

图 2-48　选择“复制图片地址”选项

07 执行操作后，在图片下方单击 1 按钮，如图 2-49 所示。

08 弹出 Imagine This!(想象一下！) 对话框，在 PROMPT 文本框中的关键词前面粘贴复制的图片链接，如图 2-50 所示。注意，图片链接和关键词中间要添加一个空格。

图 2-49　单击 1 按钮

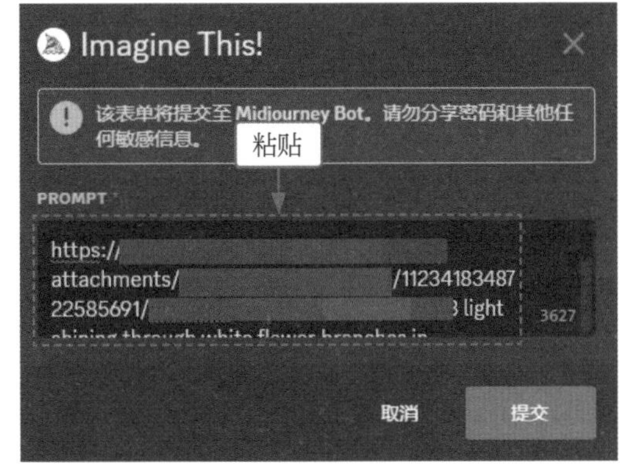

图 2-50　粘贴复制的图片链接

09 单击“提交”按钮，Midjourney 将以参考图为模板生成 4 张图片，如图 2-51 所示。

10 单击 U1 按钮，放大第 1 张图片效果，如图 2-52 所示。

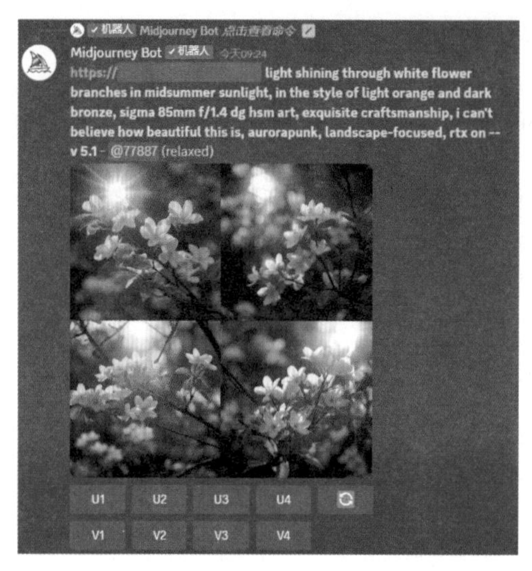

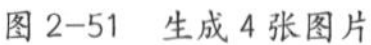
图 2-51　生成 4 张图片

图 2-52　放大第 1 张图片效果

2.2.4　提升权重，使用iw指令

在 Midjourney 中以图生图时，使用 iw 指令可以提升图像权重，即调整提示的图像（参考图）与文本部分（提示词）的重要性。

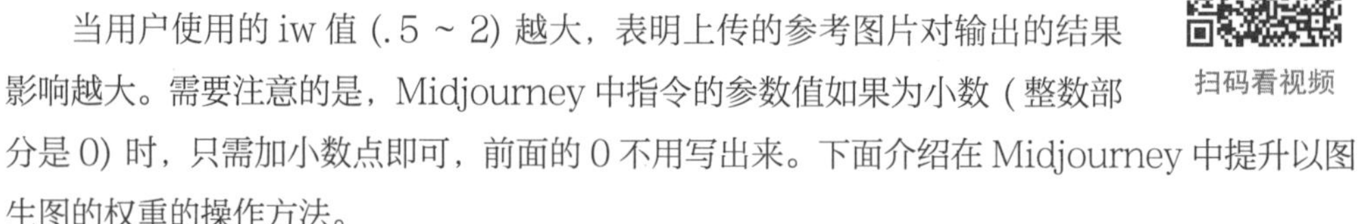

扫码看视频

当用户使用的 iw 值 (.5 ~ 2) 越大，表明上传的参考图片对输出的结果影响越大。需要注意的是，Midjourney 中指令的参数值如果为小数（整数部分是 0) 时，只需加小数点即可，前面的 0 不用写出来。下面介绍在 Midjourney 中提升以图生图的权重的操作方法。

01 在 Midjourney 中使用 describe 指令上传一张参考图，并生成相应的提示词，如图 2-53 所示。

02 单击参考图，在弹出的预览图中单击鼠标右键，在弹出的快捷菜单中选择“复制图片地址”选项，复制图片链接，如图 2-54 所示。

03 调用 imagine 指令，将复制的图片链接和相应关键词输入 prompt 输入框中，并在后面输入 --iw 2 指令，如图 2-55 所示。

04 按 Enter 键确认，即可生成与参考图的风格极其相似的图片效果，如图 2-56 所示。

05 单击 U3 按钮，生成第 3 张图的大图效果，如图 2-57 所示。

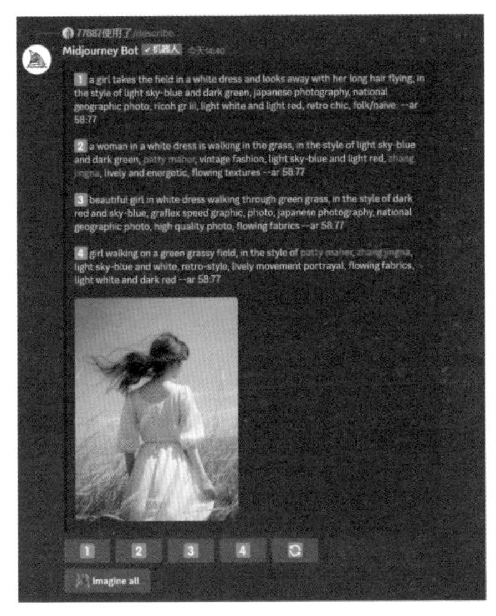

图 2-53　上传参考图并生成提示词

图 2-54　选择“复制图片地址”选项

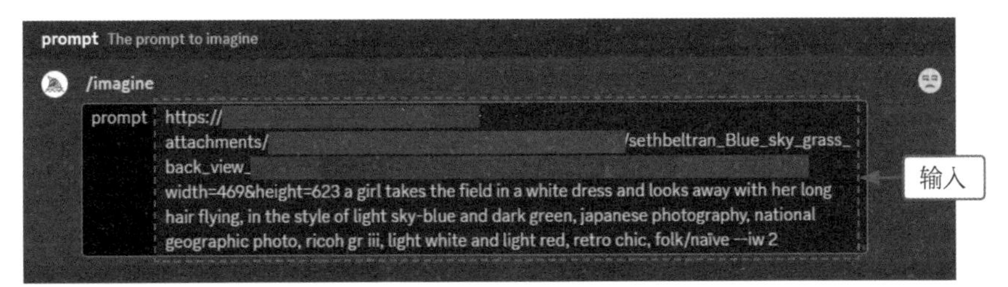

图 2-55　输入图片链接、提示词和指令

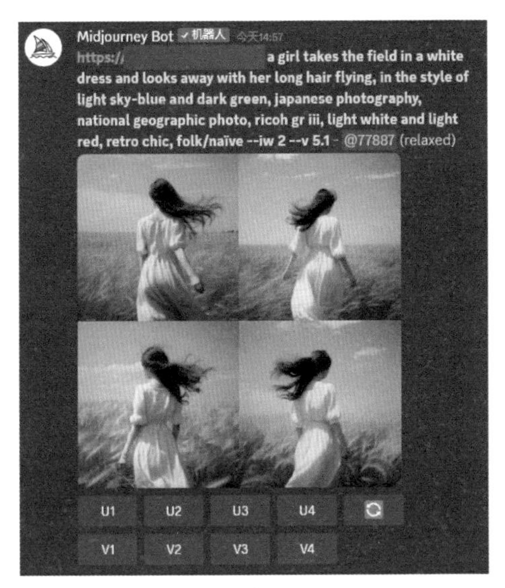

图 2-56　生成与参考图相似的图片效果

图 2-57　生成第 3 张图的大图效果

2.2.5 混合生图，使用blend指令

在 Midjourney 中，用户可以使用 blend 指令快速上传 2 ~ 5 张图片，然后查看每张图片的特征，并将它们混合生成一张新的图片。下面介绍利用 Midjourney 进行混合生图的操作方法。

扫码看视频

01 在 Midjourney 下面的输入框内输入 /，在弹出的列表框中选择 blend 指令，如图 2-58 所示。

02 执行操作后，出现两个图片框，单击左侧的上传按钮，如图 2-59 所示。

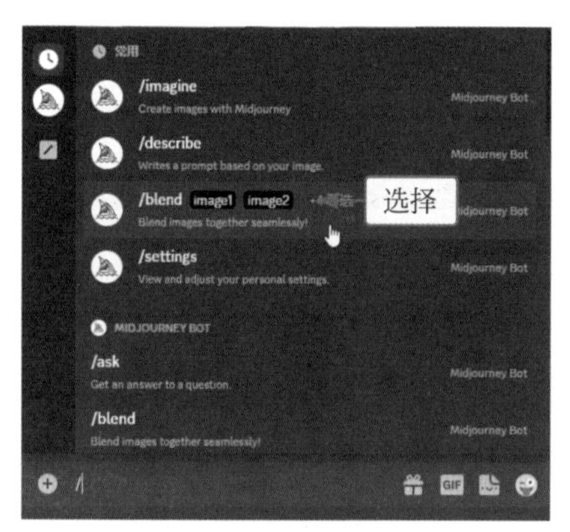

图 2-58 选择 blend 指令

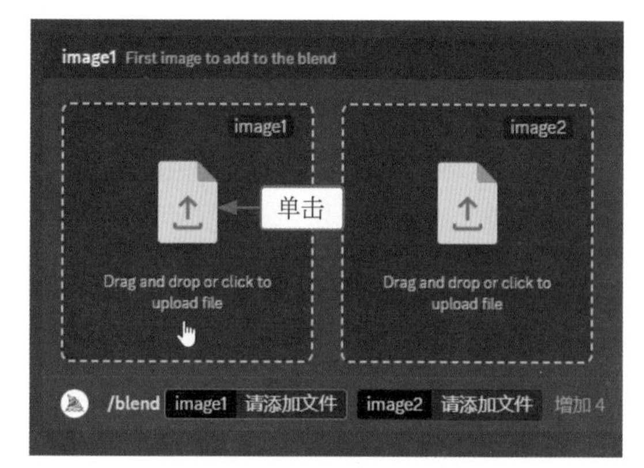

图 2-59 单击上传按钮

03 执行操作后，弹出“打开”对话框，选择相应的图片，如图 2-60 所示。

04 单击“打开”按钮，将图片添加到左侧的图片框中，并用同样的操作方法在右侧的图片框中添加一张图片，如图 2-61 所示。

图 2-60 选择相应的图片

图 2-61 添加两张图片

05 连续按两次 Enter 键，Midjourney 会自动完成图片的混合操作，并生成 4 张新的图片，这是没有添加任何关键词的效果，如图 2-62 所示。

06　单击 U3 按钮，放大第 3 张图片效果，如图 2-63 所示。

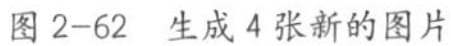
图 2-62　生成 4 张新的图片

图 2-63　放大第 3 张图片效果

2.2.6　设置横纵比，更改图片比例

扫码看视频

aspect rations（横纵比）指令用于更改生成图像的宽高比，通常表示为冒号分割两个数字，比如 16:9 或者 4:3。需要注意的是，aspect rations 指令（ar 指令）中的冒号为英文字体格式，数字也必须为整数，并且在图片生成或放大的过程中，最终输出的尺寸效果可能会略有修改。下面介绍在 Midjourney 中设置图片横纵比的操作方法。

01　在 imagine 指令后方的 prompt（提示）输入框中，输入没有添加 ar 指令的关键词，如图 2-64 所示。

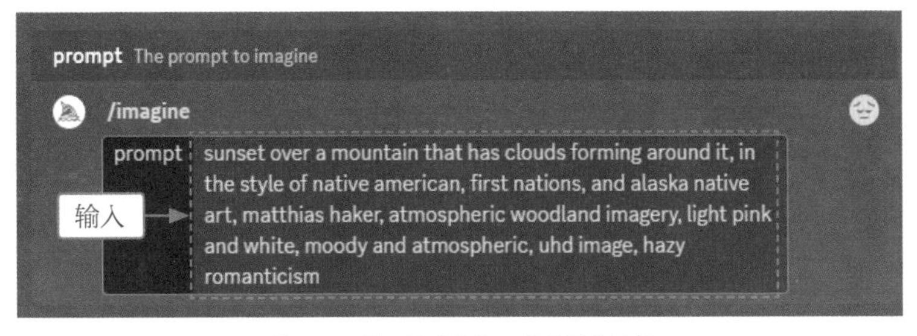

图 2-64　输入没有添加 ar 指令的关键词

02　按 Enter 键确认，Midjourney 会生成 4 张比例为 1:1 的图片，如图 2-65 所示，这是 Midjourney 的默认横纵比。

03 在 imagine 指令后方的 prompt(提示) 输入框中输入相同的关键词，并在结尾处加上 --ar 16:9，设置图片的横纵比为 16:9，按 Enter 键确认，Midjourney 即可生成 4 张比例为 16:9 的图片，如图 2-66 所示。

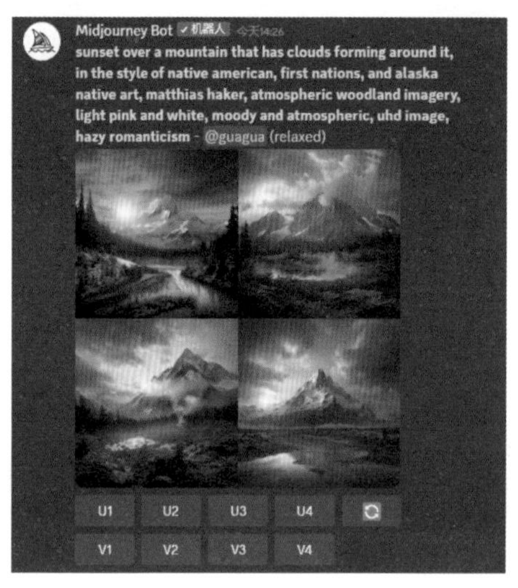

图 2-65　生成 4 张比例为 1:1 的图片

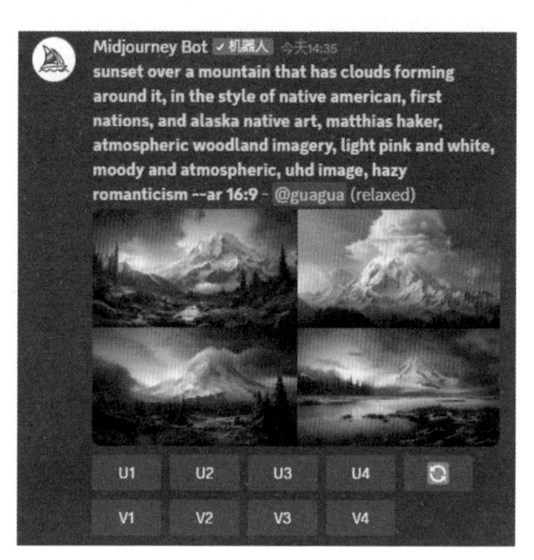

图 2-66　生成 4 张比例为 16:9 的图片

本章小结

本章主要为读者介绍使用文心一格和 Midjourney 进行图片生成的相关基础知识，包括 8 个文心一格的使用技巧和 6 个 Midjourney 的生成技巧。通过本章的学习，读者能够更好地掌握这两大 AI 绘画平台的操作方法，轻松绘制出视频所需的图片素材。

课后习题

为了使读者更好地掌握本章所学知识，下面将通过课后习题帮助读者进行简单的知识回顾和补充。

1. 使用文心一格生成一张“明亮插画”风格的向日葵图片。

2. 使用 Midjourney 生成一张比例为 3:4 的日落图片。

第 3 章 AI 视频创作：用文本生成视频

想使用文本生成视频，用户可以先借助 AI 创作出相应的文案，再借助软件和平台的 AI 功能进行生成。本章介绍剪映电脑版、腾讯智影和一帧秒创的 AI 视频创作功能的使用方法，帮助用户快速完成文本到视频的转变。

3.1 剪映电脑版，图文成片

要想快速制作出短视频，就要学会灵活使用 ChatGPT 与剪映这两个工具，先用 ChatGPT 快速生成文案，再用剪映的“图文成片”功能快速生成视频，既方便又高效。本节以制作一个天空摄影视频为例，讲解使用 ChatGPT +剪映的图文成片方法。

3.1.1 ChatGPT，轻松生成文案

在制作天空摄影视频的短视频前，用户需要先使用 ChatGPT 快速得到天空摄影的技巧，具体操作方法如下。

扫码看视频

01 打开 ChatGPT 的聊天窗口，单击底部的输入框，在其中输入“请给我 10 个天空摄影技巧的短视频标题。要求：包含数字”，ChatGPT 即可根据要求生成 10 个关于天空摄影技巧的视频标题，如图 3-1 所示。

请给我10个天空摄影技巧的短视频标题。要求：包含数字

当然，请看下面给出的10个天空摄影技巧的短视频标题，每个标题都包含一个数字：

1. "使用3个滤镜增强天空摄影效果"
2. "5种独特的天空构图技巧，让照片更有深度"
3. "7个调整曝光的技巧，捕捉完美的天空细节"
4. "用2种不同的白平衡设置拍摄多样的天空色彩"
5. "4种利用云朵增添戏剧性的天空摄影技巧"
6. "通过9个不同的角度拍摄天空，创造新颖视觉效果"
7. "利用长曝光捕捉星空：8个关键步骤指南"
8. "3个创造宏伟云层效果的后期处理技巧"
9. "6个利用天空反差的技巧：明亮与暗淡的对比"
10. "用1个简单的小工具拍摄震撼的夜空时间流转"

这些标题涵盖了各种天空摄影技巧，旨在帮助您拍摄出令人惊叹的天空照片。

图 3-1 ChatGPT 生成 10 个短视频标题

02 有了合适的短视频标题，用户就可以让 ChatGPT 生成对应的文案。例如，输入“写一篇关于‘4 种利用云朵增添戏剧性的天空摄影技巧’的短视频文案，要求逻辑清晰，通俗易懂，50 字以内，用数字分点叙述”，按 Enter 键，ChatGPT 即可根据要求生成一篇文案，如图 3-2 所示。

03 到这里，ChatGPT 的工作就完成了，全选 ChatGPT 回复的文案内容，单击鼠标右键，在弹出

的快捷菜单中选择“复制”选项，如图 3-3 所示，复制 ChatGPT 的文案内容，并进行适当修改。

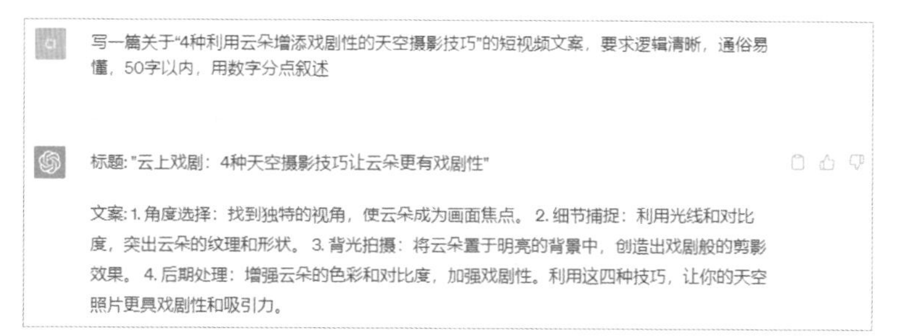

图 3-2　ChatGPT 生成文案

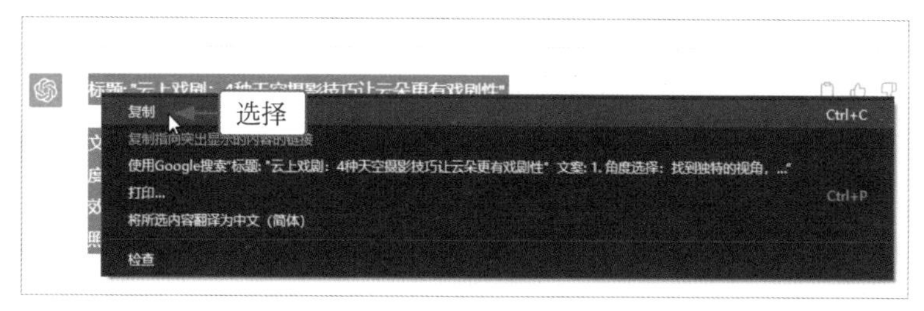

图 3-3　复制文案内容

专家提醒

用户可以将 ChatGPT 的文案内容粘贴到一个文档中，并根据需求对文案进行修改和调整，以优化生成的视频效果。

3.1.2　图文成片，快速生成视频

扫码看视频

【效果展示】：用户使用 ChatGPT 生成文案后，接下来可以在剪映电脑版中使用“图文成片”功能，快速生成想要的视频效果，如图 3-4 所示。

图 3-4　视频效果展示

图 3-4 视频效果展示（续）

下面介绍在剪映电脑版中，运用“图文成片”功能生成视频的具体操作方法。

01 打开剪映电脑版，在首页单击“图文成片”按钮，如图 3-5 所示，即可弹出“图文成片”面板。

图 3-5 单击“图文成片”按钮

02 打开文案文档，全选文案内容，在文案上单击鼠标右键，在弹出的快捷菜单中选择“复制”选项，如图 3-6 所示。

03 在“图文成片”面板中，输入相应的标题内容，按 Ctrl + V 组合键，将复制的内容粘贴到下方的文字窗口中，如图 3-7 所示。

图 3-6　复制文案

图 3-7　将文案粘贴到文字窗口中

04　剪映的“图文成片”功能会自动为视频配音，用户可以选择自己喜欢的音色，例如，设置“朗读音色”为“解说小帅”，如图 3-8 所示。

05　单击右下角的“生成视频”按钮，即可开始生成视频，并显示视频生成进度，如图 3-9 所示。

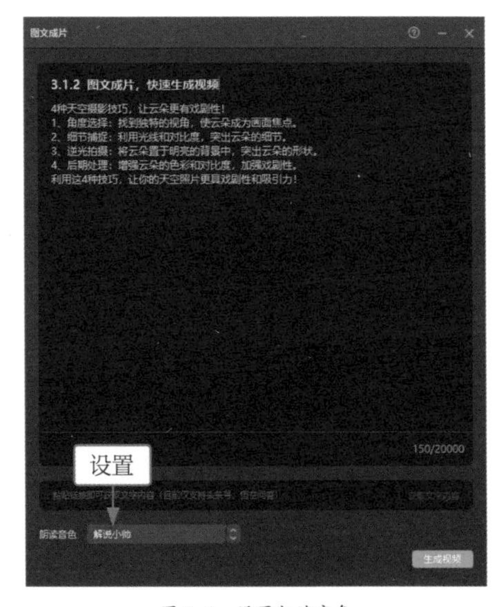

图 3-8　设置朗读音色

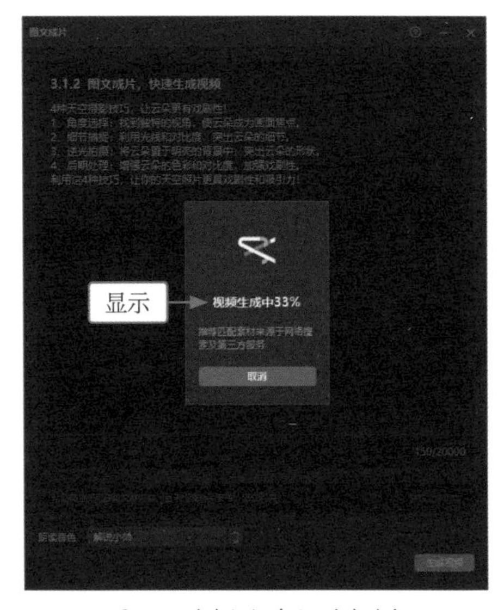

图 3-9　生成视频并显示生成进度

06　稍等片刻，进入视频剪辑界面，用户可以查看视频效果，也可以进行适当调整，如选择第 1 段文本，在“文本”操作区中添加适当的标点符号，并设置一个字体，如图 3-10 所示，即可更改所有字幕的字体，并自动调整对应的朗读音频。用同样的方法，修改其他字幕的内容并添加适当的标点符号，使字幕更加完整。

07 在界面右上角的位置，单击“导出”按钮，弹出“导出”对话框，单击“导出至”右侧的■按钮，如图 3-11 所示。

图 3-10 调整和设置文字

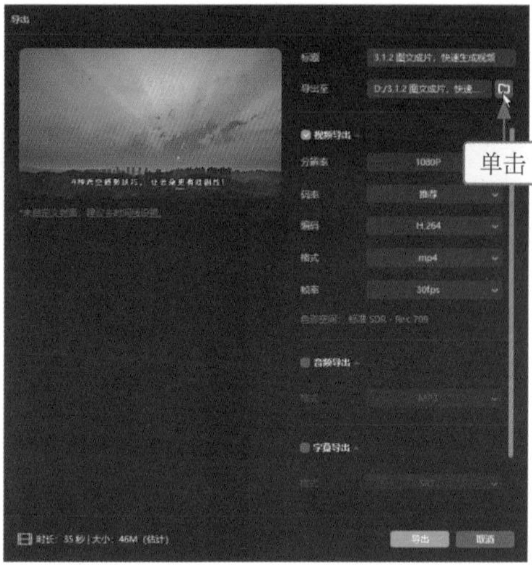

单击

图 3-11 单击“导出至”按钮

08 在弹出的“请选择导出路径”对话框中，设置视频的保存位置，单击“选择文件夹”按钮，即可更改视频的导出路径，如图 3-12 所示。

09 返回“导出”对话框，单击“导出”按钮，如图 3-13 所示，即可开始导出视频并显示导出进度。

图 3-12 设置视频的导出路径

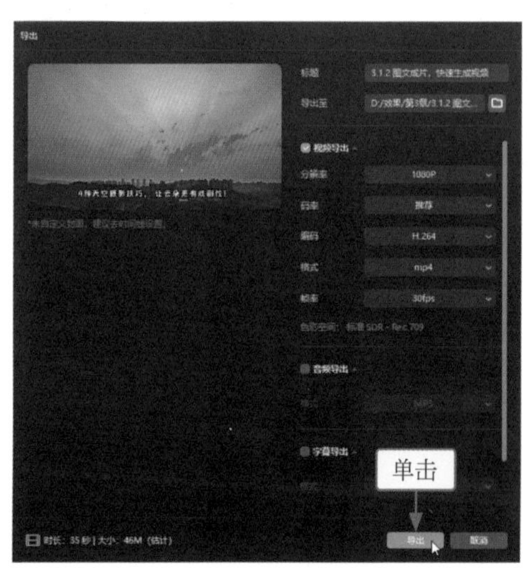

图 3-13 单击“导出”按钮

3.2 腾讯智影，文章转视频

为了满足用户的创作需求，腾讯智影提供了“文章转视频”功能，帮助用户快速生成视频。而为了降低文案创作的门槛，“文章转视频”功能还支持 AI 创作，用户可以借助 AI 创作视频文案，再生成相应的视频。另外，如果用户有新的创意或想法，可以在生成视频后上传自己的素材并进行替换。

3.2.1 AI 创作，生成视频文案

“文章转视频”功能中的 AI 创作有使用次数限制，普通用户每天可以免费使用 5 次，因此用户在进行文案创作前最好确定视频的主题。下面介绍 AI 创作视频文案的具体操作方法。

扫码看视频

01 登录“腾讯智影”首页，进入“创作空间”页面，在“智能小工具”板块中，单击“文章转视频”按钮，如图 3-14 所示。

图 3-14 单击“文章转视频”按钮

02 执行操作后，即可进入“文章转视频”页面，在“请帮我写一篇文章，主题是”下方的文本框中，输入视频文案主题，单击右侧的“AI 创作”按钮，如图 3-15 所示。

图 3-15 输入视频文案主题进行 AI 创作

03 执行操作后，弹出创作进度提示框，稍等片刻，即可查看生成的视频文案，如图 3-16 所示。

图 3-16 查看生成的视频文案

专家提醒

由于腾讯智影的 AI 程序还处于成长阶段，因此生成的文案可能会出现不符合要求的情况，如要求字数在 50 字以内，但文案字数超过了 50 字。遇到这种情况时，用户可以借助 AI 对已生成的文案进行改写、扩写和缩写，还可以手动对文案内容进行调整和修改。

另外，如果用户对生成的文案不满意，还可以单击“撤销”按钮，撤回生成的文案，重新进行生成。

3.2.2　替换素材，生成夜景大片

【效果展示】：在“文章转视频”页面中，用户通过 AI 创作撰写视频文案后，就可以利用文案直接生成视频。生成的视频文案和素材，用户可以先用“文章转视频”功能生成视频框架，再通过替换素材来获得所需的视频效果，如图 3-17 所示。

扫码看视频

图 3-17　视频效果展示

下面介绍在腾讯智影中生成视频并替换素材的具体操作方法。

01 生成文案后，用户在“文章转视频”页面中还可以对视频的成片类型、视频比例、背景音乐、数字人播报和朗读音色进行设置，例如单击“视频比例”中的下拉按钮，在弹出的列表框中选择“横屏”选项，更改视频尺寸，单击“生成视频”按钮，如图 3-18 所示，即可开始生成视频。

图 3-18　设置并生成视频

02 稍等片刻，即可进入视频编辑页面，查看生成的视频效果，可以看到生成的视频各项要素都很齐全，用户只需替换素材就能获得一个满意的视频，在替换素材之前，用户需要上传素材，单击“当前使用”选项卡中的“本地上传”按钮，如图 3-19 所示。

03 执行操作后，弹出“打开”对话框，选择要上传的所有素材，单击“打开”按钮，如图 3-20 所示，即可上传素材。

图 3-19　单击“本地上传”按钮

图 3-20　选择并上传素材

04 素材上传完成后，即可开始进行替换，在视频轨道的第 1 段素材上单击“替换素材”按钮，如图 3-21 所示。

05 执行操作后，弹出“替换素材”面板，在“我的资源”选项卡中选择要替换的素材，如图 3-22 所示。

图 3-21　单击“替换素材”按钮

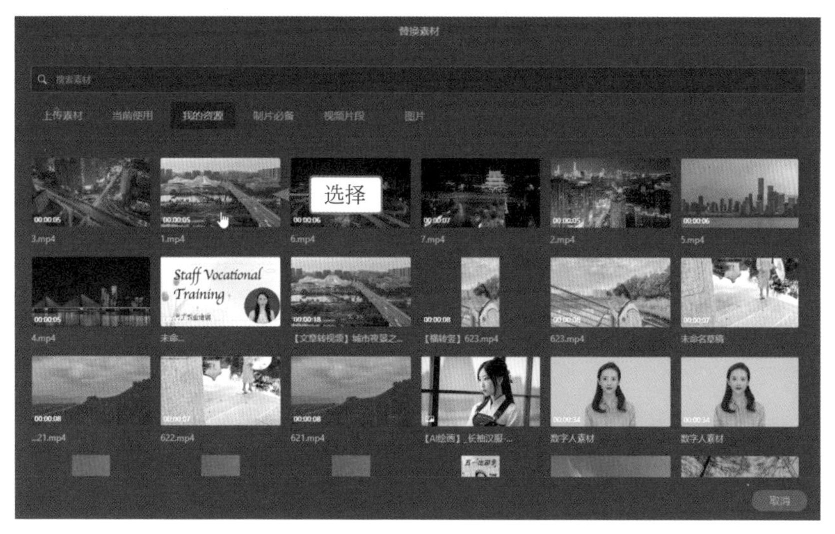

图 3-22　选择要替换的素材

06 执行操作后，即可预览素材的替换效果，单击“替换”按钮，即可完成替换，如图 3-23 所示。

07 用上述同样的方法，将素材按顺序进行替换，单击“合成”按钮，如图 3-24 所示。

08 执行操作后，弹出“合成设置”对话框，单击“合成”按钮，如图 3-25 所示，跳转至“我的资源”页面，开始合成视频，并显示合成进度。

09 合成结束后，将鼠标移动至视频缩略图上，单击下载按钮，如图 3-26 所示，弹出“新建下载任务”对话框，修改视频名称，单击“下载”按钮，即可将视频下载到本地文件夹中。

图 3-23　单击“替换”按钮

图 3-24　单击“合成”按钮

图 3-25　开始合成视频

图 3-26　单击按钮下载视频

3.3　一帧秒创，图文转视频

用户可以利用 ChatGPT 生成短视频文案，再运用一帧秒创的“图文转视频”功能生成相应的视频。另外，用户可以用 Midjourney 生成所需的图片素材，并进行替换，这样制作出的视频既能保证美观，又能充分满足用户的需求。

3.3.1　输入关键词，生成摄影技巧

在制作植物摄影技巧的短视频前，用户可使用 ChatGPT 快速生成需要的视频摄影技巧，具体操作方法如下。

扫码看视频

01　打开 ChatGPT 的聊天窗口，单击底部的输入框，在其中输入“请给我 10 个植物摄影技巧的短视频标题。要求：包含数字”，ChatGPT 即可根据要求生成 10 个有关植物摄影技巧的短视频标题，如图 3-27 所示。

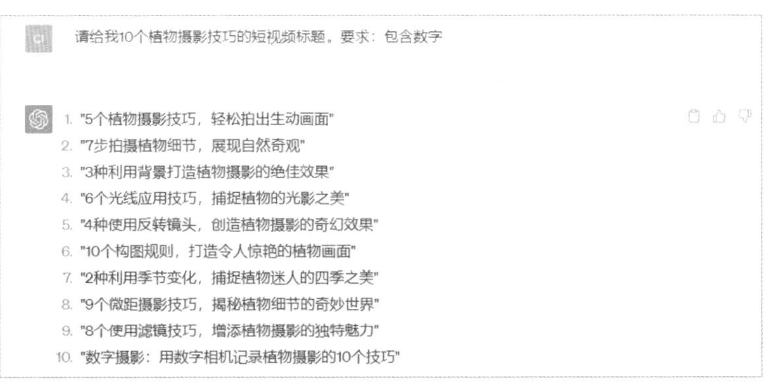

图 3-27　ChatGPT 生成 10 个短视频标题

02　有了合适的短视频标题，用户就可以让 ChatGPT 生成对应的文案。例如，输入“写一篇关于‘3 种利用背景打造植物摄影的绝佳效果’的短视频文案，要求逻辑清晰，通俗易懂，50 字以内”，按 Enter 键，ChatGPT 即可根据要求生成一篇文案，如图 3-28 所示。

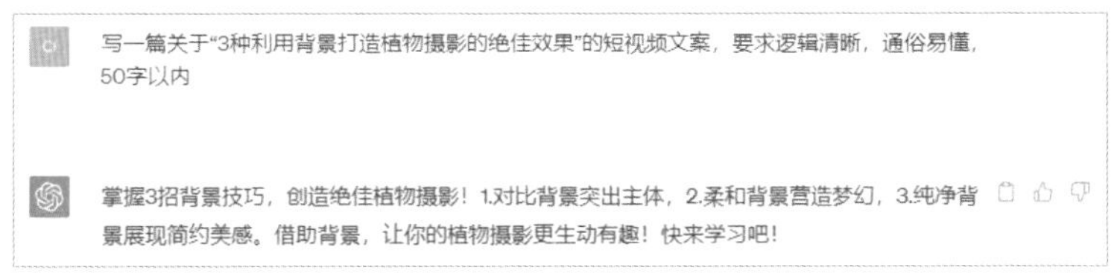

图 3-28　ChatGPT 生成文案

03 至此，ChatGPT 的工作就完成了，全选 ChatGPT 回复的文案内容，单击鼠标右键，在弹出的快捷菜单中选择“复制”选项，如图 3-29 所示，复制 ChatGPT 的文案内容，并进行适当修改。

图 3-29 复制文案

3.3.2 Midjourney，绘制视频素材

Midjourney 是一个通过人工智能技术进行图像生成和图像编辑的 AI 绘画工具，用户可以在其中输入文字、图片等内容，让机器自动创作出符合要求的 AI 作品。如果用户想使用 Midjourney 生成所需的图片素材，则要根据文案来准备关键词，这样生成的图片才能与文案内容相对应。下面以生成一张图片为例，介绍具体的操作方法。

扫码看视频

01 打开并登录 Midjourney 官网，在下面的输入框内输入 /(正斜杠符号)，在弹出的列表框中选择 imagine 指令，如图 3-30 所示。

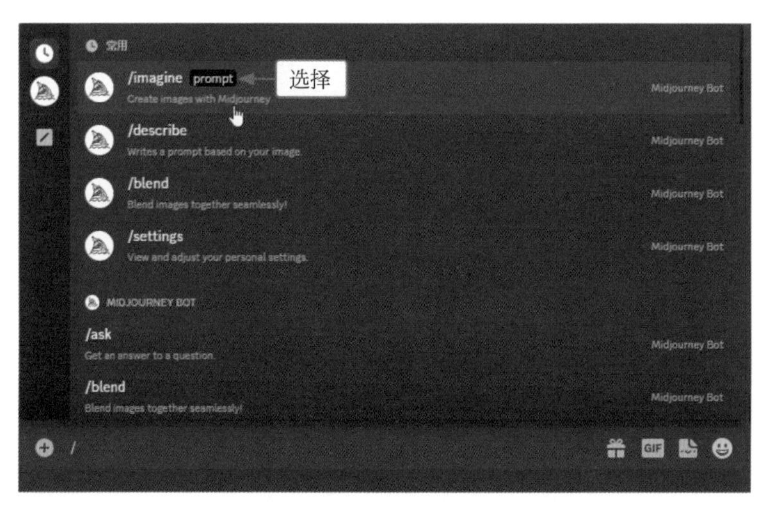

图 3-30 选择 imagine 指令

02 在 imagine 指令后方的文本框中输入关键词，按 Enter 键确认，稍等片刻，Midjourney 将生成 4 张对应的图片，如果用户对于 4 张图片中的某张图片感到满意，可以使用 U1 ~ U4 按钮进行选择，例如单击 U3 按钮，如图 3-31 所示。

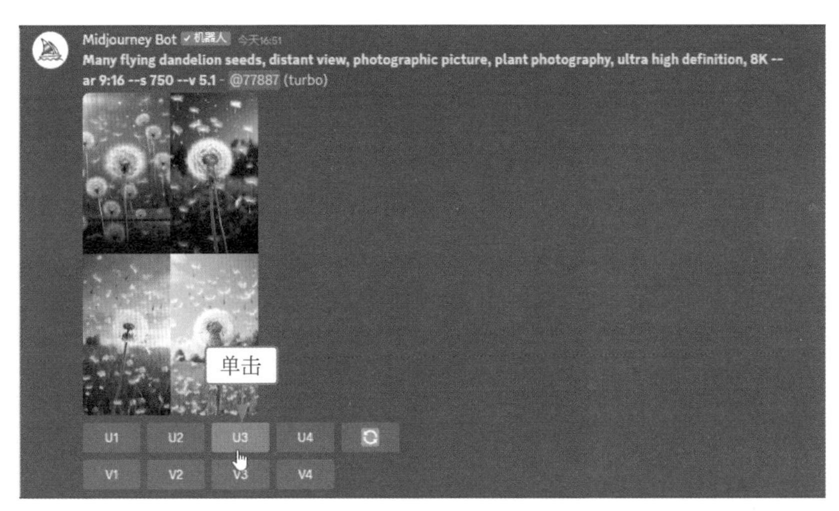

图 3-31　单击 U3 按钮

03 执行操作后，Midjourney 将在第 3 张图片的基础上进行更加精细的刻画，并放大图片效果，如图 3-32 所示。

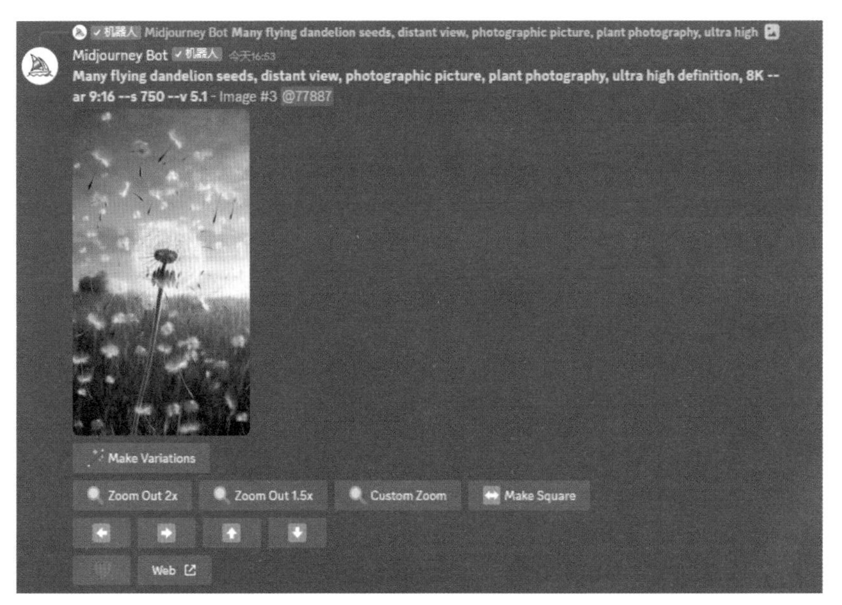

图 3-32　放大第 3 张图片

04 如果用户想使用图片来制作视频，还需要将图片保存到本地，单击图片，在放大的图片左下角单击“在浏览器中打开”链接，如图 3-33 所示。

05 执行操作后，在新的标签页中打开图片，在图片上单击鼠标右键，在弹出的快捷菜单中选择“图片另存为…”选项，如图 3-34 所示。在弹出的“另存为”对话框中，设置图片的保存位置和名称，单击“保存”按钮，即可保存图片。

图 3-33　单击“在浏览器中打开”链接

图 3-34　选择“图片另存为…”选项

3.3.3　优化视频，进行图片替换

扫码看视频

【**效果展示**】：如果用户想让生成的视频更具独特性，可以用生成的图片进行替换，从而获得独一无二的视频效果，如图 3-35 所示。

图 3-35　视频效果展示

下面介绍在一帧秒创中替换图片、优化视频效果的具体操作方法。

01　登录并进入“一帧秒创”首页，单击“图文转视频”按钮，如图 3-36 所示。

图 3-36　单击“图文转视频”按钮

02　执行操作后，进入“图文转视频”页面，在“文案输入”选项卡的文本框中粘贴准备好的文案，设置“视频比例”为 16:9，单击“下一步”按钮，如图 3-37 所示。

图 3-37　粘贴文案并设置视频比例

03　执行操作后，AI 会对提供的文案进行解析，解析完成后，进入“编辑文稿”页面，AI 会自动对文案进行分段，在生成视频时，每一段文案都对应一段素材，如图 3-38 所示。如果不需要进行调整，用户可直接单击“下一步”按钮，即可开始生成视频。

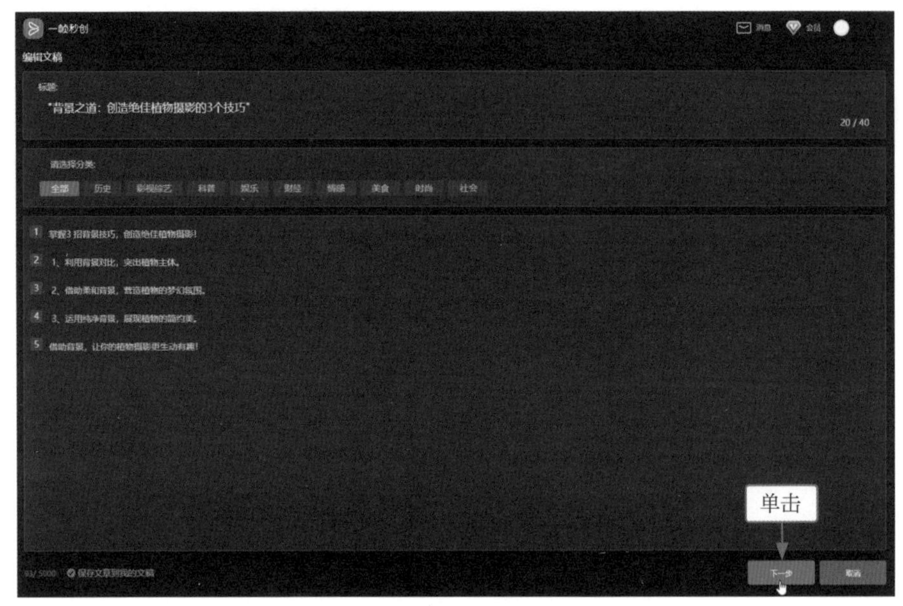

图 3-38　文案分段

04 稍等片刻，即可进入“创作空间”页面，查看生成的视频效果，视频生成结束后，用户就可以开始替换素材，将鼠标移至第 1 段素材上，在右下角显示的工具栏中单击“替换素材”按钮，如图 3-39 所示。

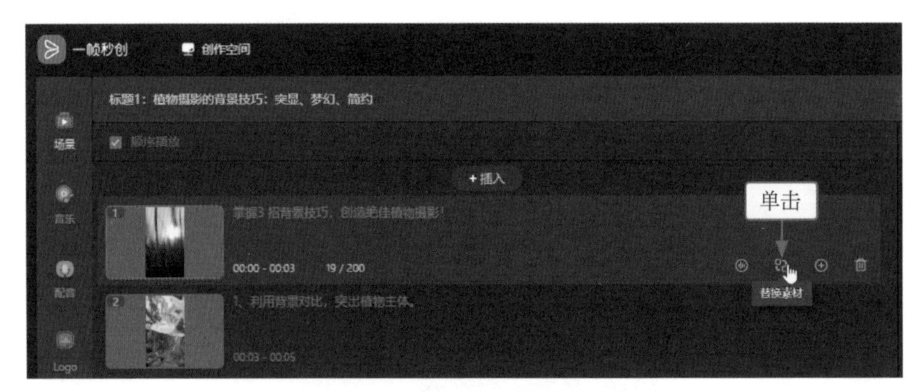

图 3-39　生成视频并替换素材

05 执行操作后，弹出相应面板，用户可以选择在线素材、账号上传的素材、AI 作画的效果、其他来源的素材、最近使用的素材或收藏的素材进行替换。如果用户想用自己的素材进行替换，需将素材上传，切换至“我的素材”选项卡，单击右上角的“本地上传”按钮，如图 3-40 所示。

06 执行操作后，弹出“打开”对话框，选择要上传的素材，单击“打开”按钮，如图 3-41 所示，返回“我的素材”选项卡，稍等片刻，即可完成上传。

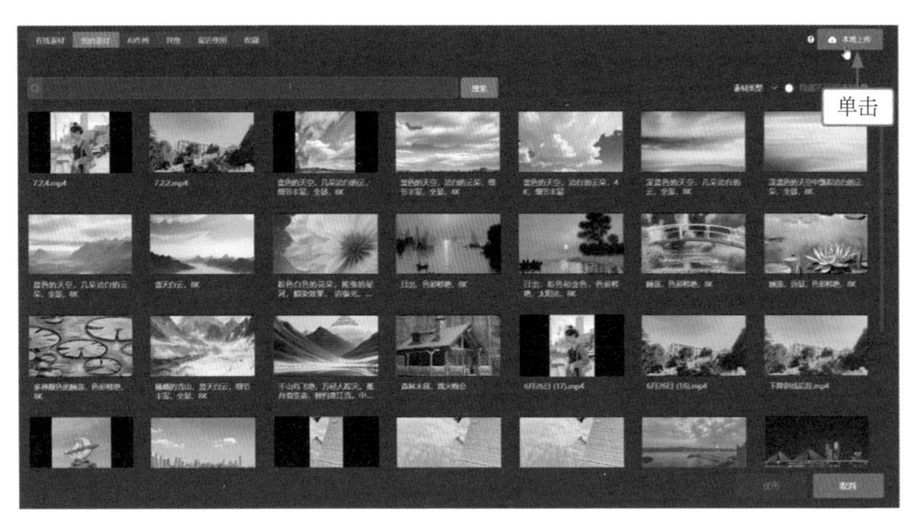

图 3-40　单击“本地上传”按钮

图 3-41　选择并上传素材

07 在“我的素材”选项卡中选择上传的素材，在右侧可以预览替换素材的效果，单击“使用”按钮，如图 3-42 所示，即可完成素材的替换。用同样的方法，上传剩下的素材，并依次进行替换，完成视频的制作。

08 完成视频的调整后，用户就可以将视频导出并下载到本地文件夹中，单击页面右上角的“生成视频”按钮，进入“生成视频”页面，单击“确定”按钮，如图 3-43 所示，即可跳转至“我的作品”页面，开始合成视频效果。

09 合成结束后，在“我的作品”页面中可以查看视频效果，将鼠标移至视频缩略图上，在下方弹出的工具栏中单击“下载视频”按钮，如图 3-44 所示。

图 3-42　预览替换素材的效果

图 3-43　合成视频效果

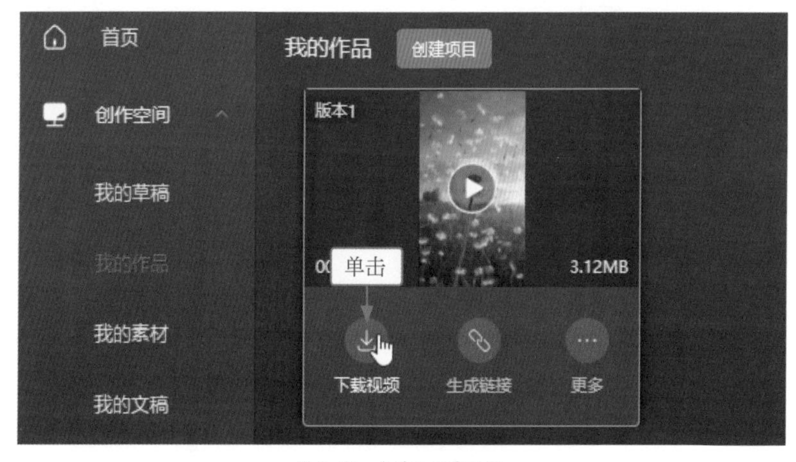

图 3-44　查看和下载视频

10 在弹出的“新建下载任务”对话框中，设置视频的名称和保存位置，单击“下载”按钮，如图 3-45 所示，即可将视频下载到本地文件夹中。

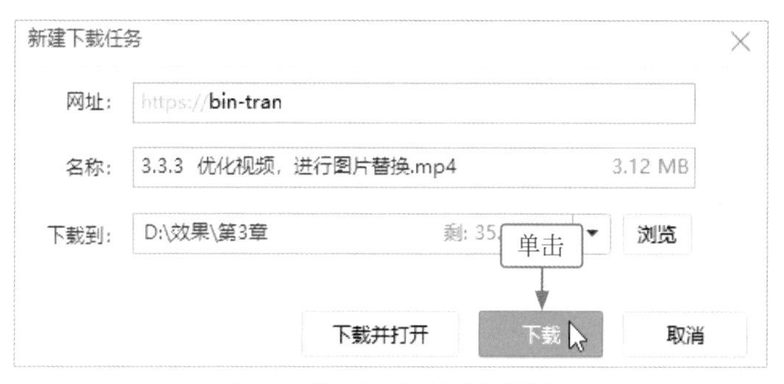

图 3-45 将视频下载到本地文件夹中

本章小结

本章主要为读者介绍了 3 个能够使用文本生成视频的软件及其相关功能的使用方法，包括使用剪映电脑版的“图文成片”功能、腾讯智影的“文章转视频”功能和一帧秒创的“图文转视频”功能生成视频，以及借助 ChatGPT 和 Midjourney 生成视频文案和图片素材的操作方法。通过本章的学习，读者能够更好地掌握文本生成视频的操作方法。

课后习题

为了使读者更好地掌握本章所学知识，下面将通过课后习题帮助读者进行简单的知识回顾和补充。

1．运用 ChatGPT 和剪映电脑版的“图文成片”功能，生成一个主题为“星空延时摄影技巧”的短视频。

2．运用腾讯智影的“文章转视频”功能，生成一个主题为“10 个柯基犬养护技巧”的短视频。

第 4 章
AI 视频创作：用图片生成视频

想使用图片快速生成视频，最简单的方法就是为图片套用模板，让 AI 自动为图片添加动画、特效和音乐等元素，从而生成视频。本章介绍剪映 App、必剪 App 和快影 App 中的 AI 视频创作功能的使用方法，帮助用户利用图片轻松生成精美的视频。

4.1　剪映 App，AI 生成

剪映 App 的“图文成片”功能默认情况下是由 AI 进行配图，不过用户也可以自己准备好素材进行替换，生成内容更加精准的视频作品。另外，“一键成片”功能可以为图片素材快速套用模板，从而生成美观的视频。

4.1.1　图文成片，添加本地图片

扫码看视频

【效果展示】：在剪映 App 中，当用户使用“图文成片”功能生成视频时，可以选择视频的生成方式，比如使用本地素材进行生成，这样能够获得特别的视频效果，如图 4-1 所示。

图 4-1　视频效果展示

下面介绍在剪映 App 中使用“图文成片”功能生成视频的具体操作方法。

01　打开剪映 App，在首页点击“图文成片”按钮，如图 4-2 所示。

02　执行操作后，进入“图文成片”界面，输入视频文案，在“请选择视频生成方式”选项区中，选择“使用本地素材”选项，点击“生成视频”按钮，开始生成视频并显示进度，如图 4-3 所示。

03　生成结束进入预览界面，此时的视频只是一个框架，用户需要将自己的图片素材填充进去，点击视频轨道中的第 1 个“添加素材”按钮，如图 4-4 所示。

04　执行操作后，进入相应界面，在“照片视频”|“照片”选项卡中选择图片，如图 4-5 所示，完成素材的填充。用同样的方法，完成其他素材的填充，点击✕按钮，退出界面。

05　由于“图文成片”功能生成的视频带有随机性，因此用户可以通过进一步的编辑来优化视频效果，拖曳时间轴至视频起始位置，选择第 1 段文本，在工具栏中点击“编辑”按钮，如图 4-6 所示。

06　在弹出的文本编辑面板中，添加适当的标点，并在“字体”选项卡中更改文字字体，如图 4-7 所示。点击✓按钮，系统会根据修改的内容重新生成朗读音频。用同样的方法，调整剩下的文本内容。

图 4-2 点击“图文成片”按钮

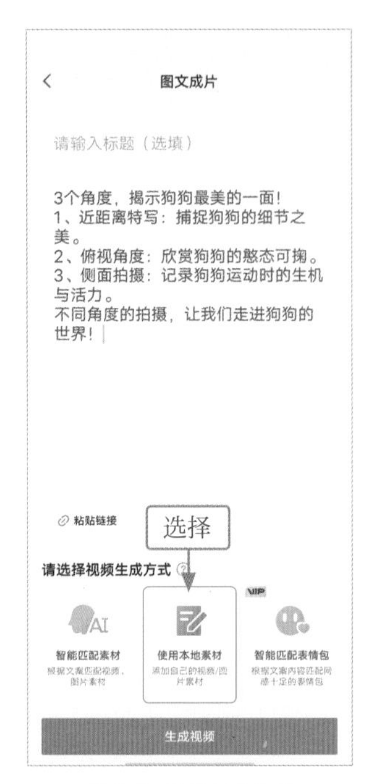

图 4-3 选择相应选项

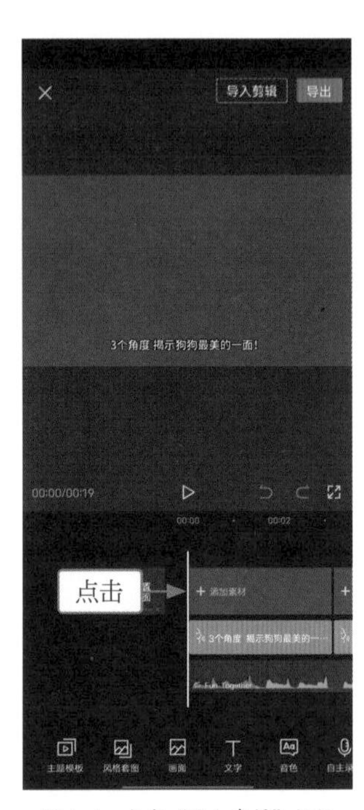

图 4-4 点击“添加素材”按钮

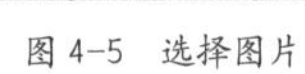

图 4-5 选择图片

图 4-6 点击“编辑”按钮

图 4-7 更改文字字体

07 点击界面右上角的“导入剪辑”按钮，进入视频编辑界面，选择第 1 段素材，在工具栏中点击“动画”按钮，如图 4-8 所示。

08 弹出“动画”面板，在“入场动画”选项卡中选择“轻微放大”动画，如图 4-9 所示，为素材添加动画效果。

09 用上述同样的方法，为第 2 段素材添加“入场动画”选项卡中的“缩小”动画，并设置动画时长为最长，如图 4-10 所示。

图 4-8　点击“动画”按钮

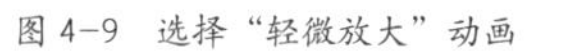

图 4-9　选择“轻微放大”动画

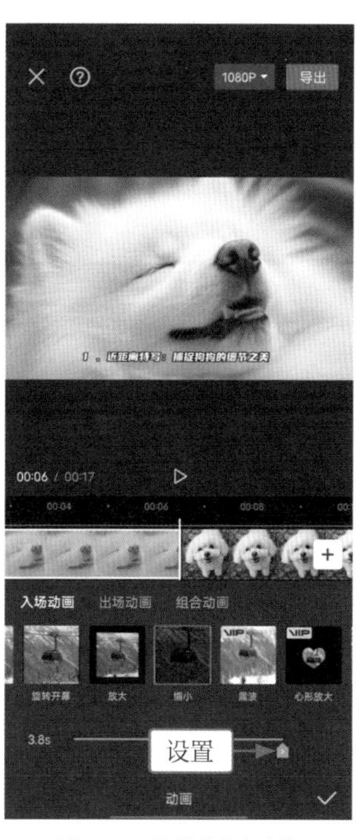

图 4-10　设置动画及时长

10 用同样的方法，为第 3 段素材添加“轻微放大”入场动画、为第 4 段素材添加“缩小”入场动画、为第 5 段素材添加“渐显”入场动画，如图 4-11 所示，并设置“缩小”入场动画的动画时长为最长。

11 依次点击✓按钮和<按钮，返回主界面，在工具栏中点击“背景”按钮，如图 4-12 所示。

12 执行操作后，进入背景工具栏，点击“画布模糊”按钮，弹出“画布模糊”面板，选择第 2 个模糊效果，点击“全局应用”按钮，如图 4-13 所示，为其他素材添加“画布模糊”效果。完成所有编辑后，点击界面右上角的“导出”按钮，将视频导出即可。

图 4-11　添加相应动画

图 4-12　点击“背景”按钮

图 4-13　点击“全局应用”按钮

4.1.2　一键成片，让图片动起来

扫码看视频

【效果展示】：在使用“一键成片”功能生成视频时，用户只需选择要生成视频的图片素材，再选择一个适合的模板即可，效果如图 4-14 所示。

图 4-14　视频效果展示

下面介绍在剪映 App 中，运用“一键成片”功能快速套用模板的具体操作方法。

01　在首页点击“一键成片”按钮，如图 4-15 所示。

02　执行操作后，进入“照片视频”界面，选择 4 张图片素材，点击“下一步”按钮，如图 4-16 所示，即可开始生成视频。

图 4-15　点击“一键成片”按钮

图 4-16　开始生成视频

03　稍等片刻后，进入“选择模板”界面，用户可以选择喜欢的模板，并预览视频效果，如图 4-17 所示。

04　点击右上角的“导出”按钮，在弹出的“导出设置”对话框中，点击“无水印保存并分享”按钮，如图 4-18 所示，即可将生成的视频导出。

图 4-17　预览视频效果

图 4-18　点击“无水印保存并分享”按钮

4.2 必剪 App，智能匹配

在必剪 App 的“模板”界面中，用户可以搜索并选择喜欢的模板，从而进行图片素材的套用。另外，用户可以在视频编辑界面中导入图片素材，运用“一键大片”功能快速完成视频的包装。

4.2.1 视频模板，一键即可套用

扫码看视频

【效果展示】：用户可以直接在必剪 App 的“模板”界面中进行搜索，找到喜欢的模板，这样能够节省寻找模板的时间，快速完成模板的套用，效果如图 4-19 所示。

图 4-19 模板效果展示

下面介绍在必剪 App 中一键为素材套用模板的具体操作方法。

01 在“模板”界面的搜索框中输入模板关键词，点击“搜索”按钮，在搜索结果中选择相应的视频模板，如图 4-20 所示。

02 执行操作后，进入模板预览界面，查看模板效果，点击“剪同款”按钮，如图 4-21 所示。

图 4-20　选择视频模板

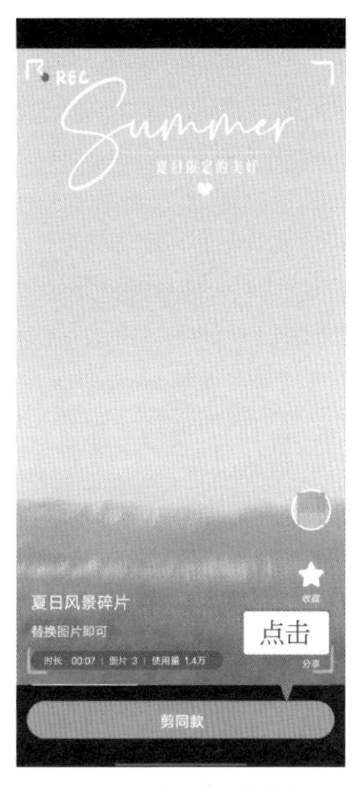

图 4-21　点击“剪同款”按钮

03 进入“最近项目”界面，选择 3 张图片素材，点击“下一步”按钮，如图 4-22 所示，即可开始生成视频。

04 生成完成后，跳转至相应界面，预览视频效果，确认无误后，点击“导出”按钮，如图 4-23 所示，即可将视频导出。

图 4-22　开始生成视频

图 4-23　点击“导出”按钮

4.2.2　一键大片，记录城市风景

扫码看视频

【效果展示】：必剪 App 的“一键大片”功能，可以快速将图片素材包装成视频，用户只需选择喜欢的模板即可，效果如图 4-24 所示。

图 4-24　模板效果展示

下面介绍在必剪 App 中运用“一键大片”功能生成视频的具体操作方法。

01 在“创作”界面中点击“开始创作”按钮，进入“最近项目”界面，在“照片”选项卡中选择图片素材，如图 4-25 所示。

02 点击“下一步”按钮，导入 3 张图片素材，在工具栏中点击“一键大片”按钮，如图 4-26 所示，弹出“一键大片”面板。

03 在 VLOG① 选项卡中选择“旅行大片”选项，如图 4-27 所示，即可将素材包装成视频。

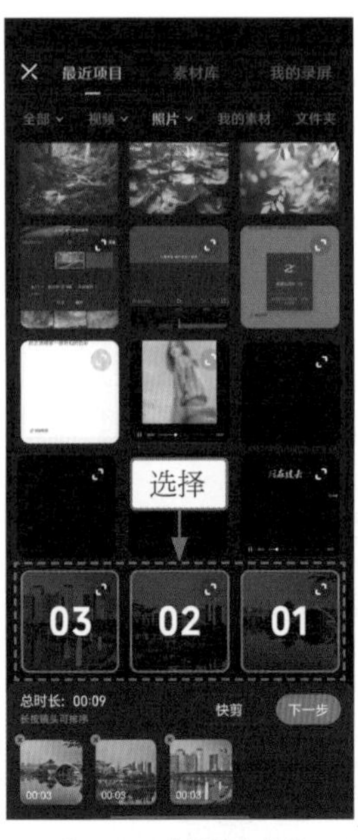

图 4-25　选择图片素材

图 4-26　点击“一键大片”按钮

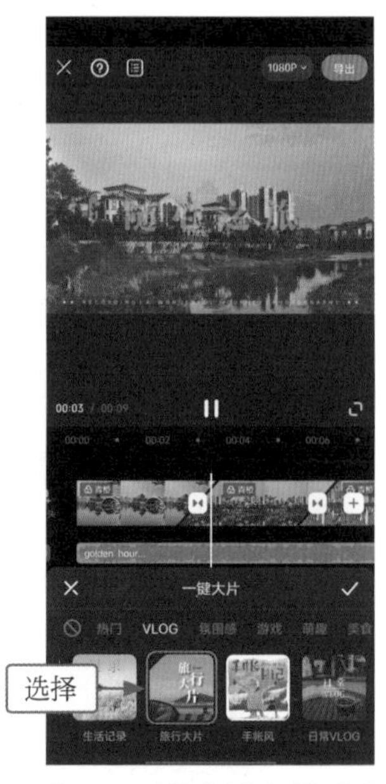

图 4-27　选择“旅行大片”选项

① VLOG 英文全称为 video blog 或 video log，意为视频记录、视频博客、视频网络日志。

专家提醒

用户可以根据素材的内容在“一键大片”面板中选择适合的模板，视频包装完成后，用户还可以手动进行调整，以优化视频效果。

4.3　快影 App，花样模板

快影 App 的“一键出片”功能的“剪同款”界面中，用户可以运用“音乐 MV”功能将喜欢的图片和歌曲制作成音乐歌词视频，也可以选择喜欢的模板并套用图片素材而生成视频，还可以为图片添加 AI 玩法制作酷炫的视频效果。

4.3.1　一键出片，生成卡点视频

扫码看视频

【效果展示】：快影 App 的“一键出片”功能，会根据用户提供的素材智能匹配模板，用户选择喜欢的模板即可，效果如图 4-28 所示。

图 4-28　模板效果展示

下面介绍在快影 App 中运用“一键出片”功能生成卡点视频的具体操作方法。

01　在“创作”界面中点击“一键出片”按钮，如图 4-29 所示。

02 进入“相机胶卷”界面，在“照片”选项卡中选择相应的素材，点击“一键出片”按钮，如图 4-30 所示。

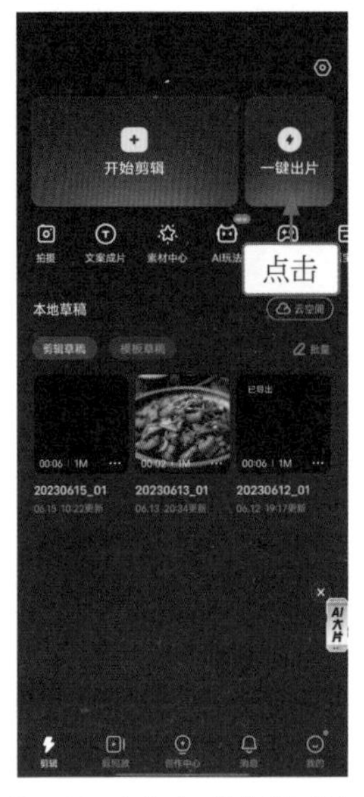

图 4-29　点击“一键出片”按钮

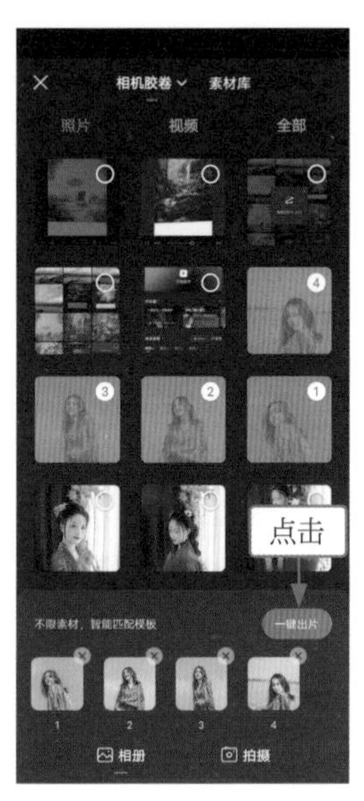

图 4-30　选择素材并开始生成

03 执行操作后，即可开始智能生成视频，稍等片刻，进入相应界面。用户可以在“模板”选项卡中选择喜欢的模板，例如选择一个卡点视频模板，如图 4-31 所示，即可预览视频效果。

04 点击界面右上角的“做好了”按钮，在弹出的“导出选项”面板中点击“无水印导出并分享”按钮，如图 4-32 所示，即可导出无水印的视频。

图 4-31　选择视频模板

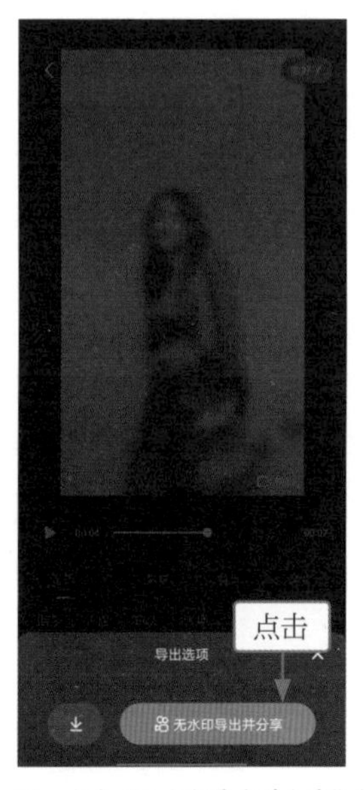

图 4-32　点击“无水印导出并分享”按钮

4.3.2 音乐MV，生成专属短片

扫码看视频

【效果展示】：“音乐 MV”功能可以让用户选择喜欢的 MV 模板、歌曲、歌词段落和图片素材，从而生成专属的歌词 MV 视频，效果如图 4-33 所示。

图 4-33 视频效果展示

下面介绍在快影 App 中运用“音乐 MV”功能生成专属短片的具体操作方法。

01 打开快影 App，切换至“剪同款”界面，点击“音乐 MV”按钮，如图 4-34 所示。

02 执行操作后，进入模板选择界面，在界面的下方提供了 4 种不同风格的音乐 MV 模板，用户可根据喜好选择相应模板。选择模板后，用户还可以更换 MV 的音乐，点击模板预览区中的“换音乐”按钮，如图 4-35 所示。

03 执行操作后，进入“音乐库”界面，在“所有分类”选项区中选择“国风古风”选项，如图 4-36 所示。

04 执行操作后，进入“热门分类”界面的“国风古风”选项卡，选择要更换的音乐，点击“使用”按钮，如图 4-37 所示，即可更换音乐 MV 中的歌曲。

05 返回模板选择界面，点击界面下方的“导入素材 生成 MV”按钮，如图 4-38 所示。

06 进入“相机胶卷”界面，在“照片”选项卡中选择 3 张照片素材，点击“完成”按钮，如图 4-39 所示。

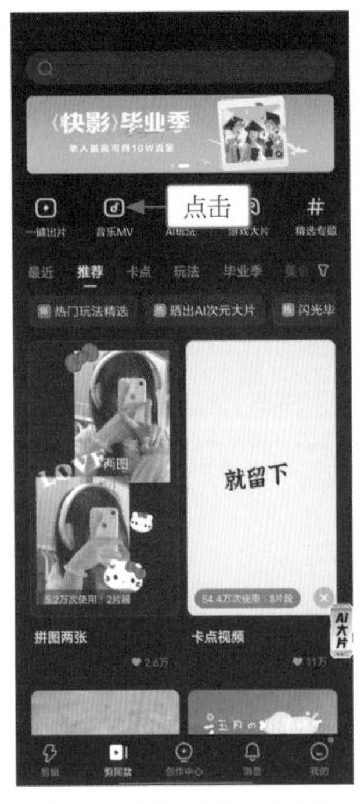

图 4-34　点击“音乐 MV”按钮

图 4-35　点击“换音乐”按钮

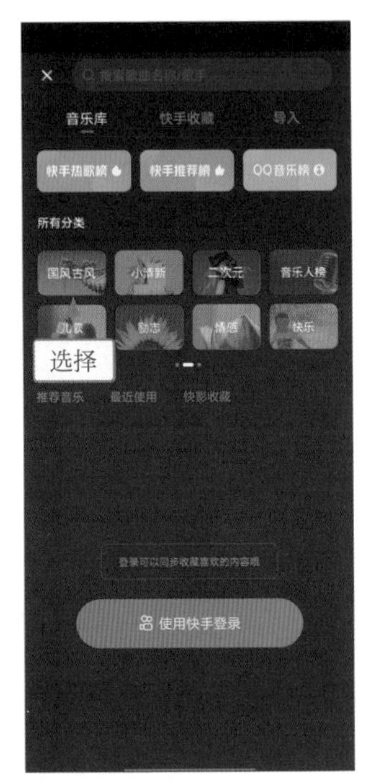

图 4-36　选择音乐类型

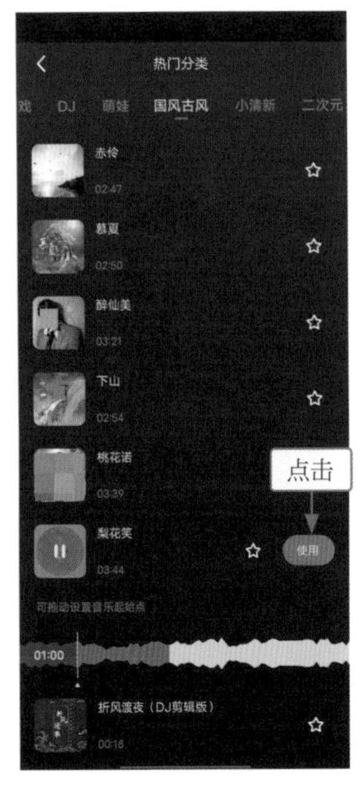

图 4-37　选择音乐

图 4-38　点击“导入素材 生成 MV”按钮

图 4-39　选择照片素材

07 稍等片刻，即可进入模板编辑界面，用户可以预览视频效果，并对视频的风格、音乐、时长、画面和歌词等进行设置。例如，切换至“时长”选项卡，拖曳右侧的白色拉杆，将视频时长调整为 6.4S，缩短视频的时长，如图 4-40 所示。

08 切换至“歌词”选项卡，选择一个合适的字体，即可修改视频中歌词字幕的字体，如图 4-41 所示。

09 点击界面右上角的“做好了”按钮，在弹出的“导出选项”面板中点击⬇按钮，如图 4-42 所示。

图 4-40　调整视频时长

图 4-41　选择合适字体

图 4-42　点击下载按钮

4.3.3　剪同款，生成拍立得视频

【效果展示】：快影 App 的“剪同款”功能为用户提供了许多热门的视频模板，用户可根据喜好选择模板，自动生成同款视频，效果如图 4-43 所示。

扫码看视频

下面介绍在快影 App 中运用“剪同款”功能生成拍立得视频的具体操作方法。

01 在“剪同款”界面的搜索框中输入并搜索“拍立得”，在搜索结果中选择喜欢的模板，进入模板预览界面，点击“制作同款”按钮，如图 4-44 所示。

02 执行操作后，进入“相机胶卷”界面，选择相应素材，点击“选好了”按钮，如图 4-45 所示，即可开始生成视频。

03 稍等片刻，进入模板编辑界面，预览视频效果，用户还可以对素材、音乐、文字和封面等内容进行编辑。例如，在“素材”选项卡中选择第 2 段素材，点击缩略图中的“点击编辑”按钮，如图 4-46 所示。

图 4-43　视频效果展示

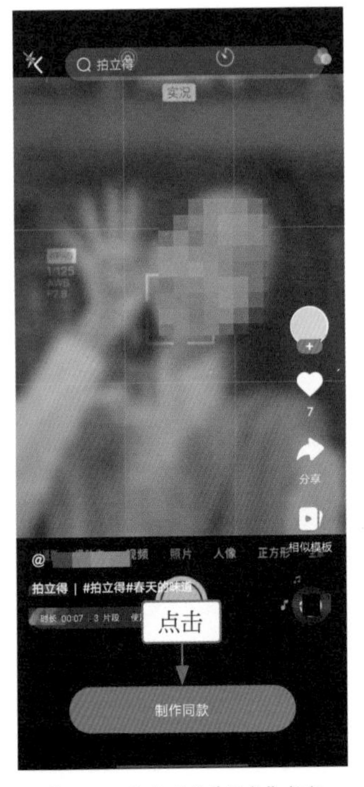

图 4-44　点击“制作同款”按钮

图 4-45　点击“选好了”按钮

图 4-46　点击“点击编辑”按钮

04 执行操作后，进入图片编辑界面，调整图片的显示区域，点击“确定”按钮，如图 4-47 所示，即可使人物头部完整显示，并返回模板编辑界面。

05 编辑完成后，点击界面右上角的“做好了”按钮，在弹出的“导出选项”面板中点击“无水印导出并分享”按钮，如图 4-48 所示，即可导出无水印的视频。

图 4-47　编辑图片

图 4-48　点击“无水印导出并分享”按钮

本章小结

本章主要为读者介绍了 3 个能够使用图片生成视频的 App 及其相关功能的使用方法，包括剪映 App 的“图文成片”和“一键成片”功能，必剪 App 的“模板”和“一键大片”功能，以及快影 App 的“一键出片”“音乐 MV”和“剪同款”功能。通过本章的学习，读者能够更好地掌握用图片生成视频的操作方法。

课后习题

为了使读者更好地掌握本章所学知识，下面将通过课后习题帮助读者进行简单的知识回顾和补充。

1. 运用剪映 App 的“一键成片”功能，生成一个图片卡点视频。

2. 运用快影 App 的“音乐 MV”功能，生成一个儿歌 MV 视频。

第 5 章

AI 视频创作：用视频生成视频

喜欢拍摄视频的用户可能会遇到这样的问题：有素材却不知该做成什么样的视频，或者不想花太多时间在视频剪辑上。此时，用户就可以借助 AI，用一个或多个素材生成视频，从而轻松获得美观的效果。本章介绍剪映电脑版、美图秀秀 App 和不咕剪辑 App 中的 AI 视频创作功能及用法。

5.1　剪映电脑版，模板功能

剪映电脑版的“模板”功能非常强大，用户只需选择喜欢的模板，然后导入相应的素材即可自动生成同款视频效果。在剪映电脑版中，用户可以在“模板”面板中挑选模板，也可以从视频编辑界面的“模板”功能区的“模板”选项卡中挑选模板。

5.1.1　筛选模板，一键完成制作

扫码看视频

【效果展示】：用户在“模板”面板中挑选模板时，可以通过设置筛选条件来找到需要的模板，提高自动生成视频的效率，效果如图 5-1 所示。

图 5-1　视频效果展示

下面介绍在剪映电脑版的“模板”面板中挑选模板生成视频的具体操作方法。

01　打开剪映电脑版，单击“模板”按钮，即可切换至“模板”面板，如图 5-2 所示。

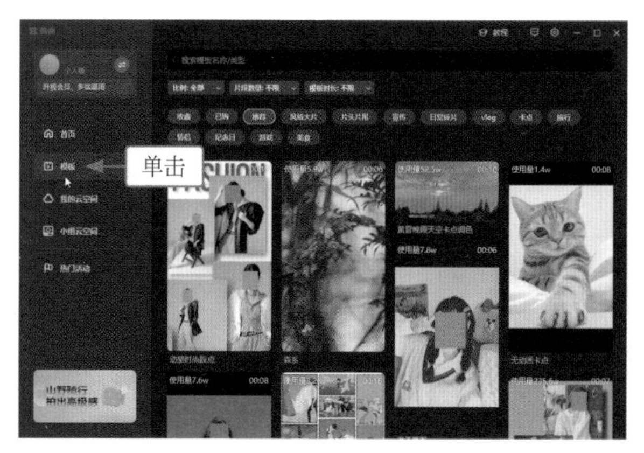

图 5-2　切换至“模板”面板

02 在“模板”面板中，单击“比例”选项右侧的下拉按钮，在弹出的列表框中选择“横屏”选项，筛选横屏的视频模板，如图 5-3 所示。

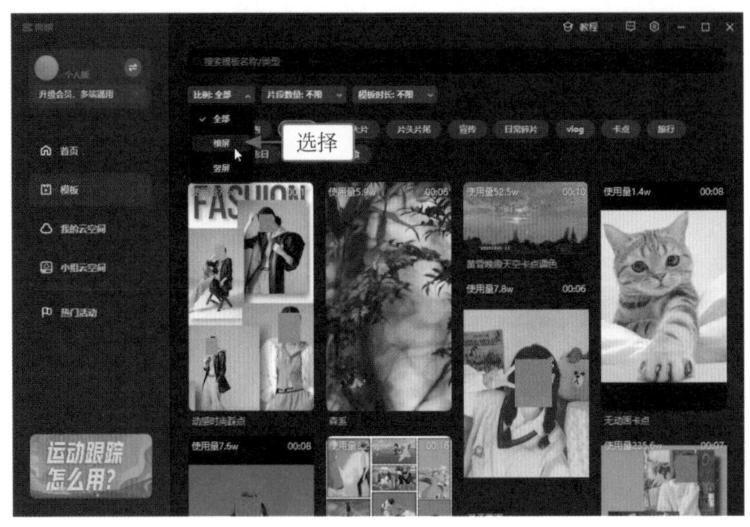

图 5-3 选择“横屏”选项

03 用上述同样的方法，设置“片段数量”为 1、“模板时长”为“0-15 秒”，在“推荐”选项卡中选择喜欢的视频模板，如图 5-4 所示。

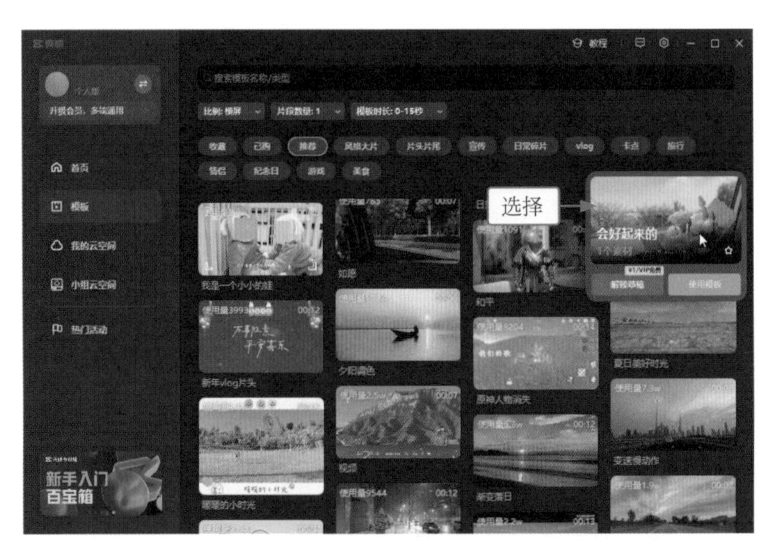

图 5-4 选择视频模板

04 执行操作后，弹出模板预览面板，用户可以预览模板效果，如果觉得满意，可单击“使用模板”按钮，如图 5-5 所示。

图 5-5　单击“使用模板”按钮

05　稍等片刻，即可进入模板编辑界面，在视频轨道中单击素材缩略图中的➕按钮，如图 5-6 所示。

06　在弹出的“请选择媒体资源”对话框中，选择视频素材，单击“打开”按钮，将素材导入视频轨道，并套用模板效果，如图 5-7 所示。用户可以在“播放器”面板中查看生成的视频效果，如果觉得满意，单击界面右上角的“导出”按钮，将其导出即可。

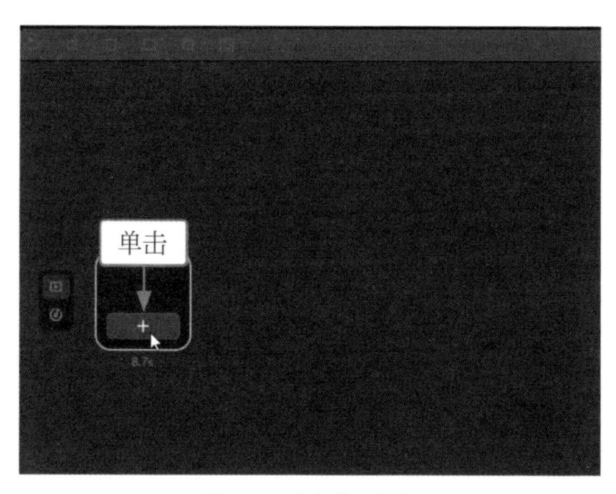

图 5-6　单击导入按钮

图 5-7　选择视频素材并导入

专家提醒

用户挑选了喜欢的模板后，可以在模板预览面板中单击✿按钮，将模板收藏起来，再次使用时，就可以在“模板”面板的“收藏”选项卡中直接找到该模板，节省寻找模板的时间。

5.1.2　搜索模板，生成VLOG片头

【效果展示】：在视频编辑界面，用户可以先导入素材，再在“模板”功能区的“模板”选项卡中通过搜索关键词来寻找喜欢的视频模板，并自动套用模板效果，如图 5-8 所示。

图 5-8　模板效果展示

下面介绍在剪映电脑版的“模板”选项卡中搜索模板生成 VLOG 片头的具体操作方法。

01 打开剪映电脑版，在首页单击“开始创作”按钮，进入视频编辑界面，单击“媒体”功能区中的“导入”按钮，如图 5-9 所示。

02 在弹出的“请选择媒体资源”对话框中，选择视频素材，单击“打开”按钮，即可将视频素材导入“媒体”功能区中，如图 5-10 所示。

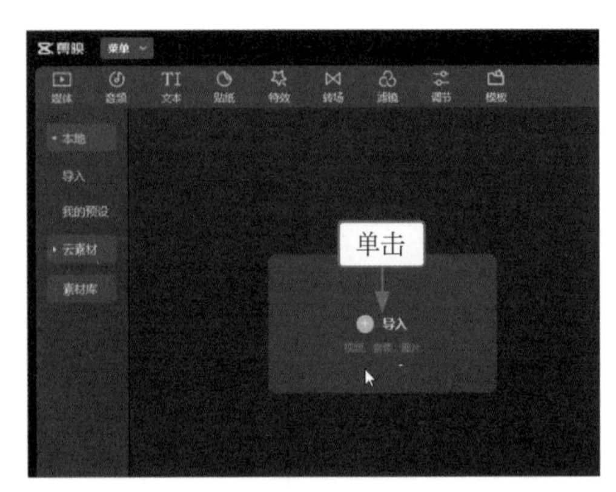

图 5-9　单击“导入”按钮

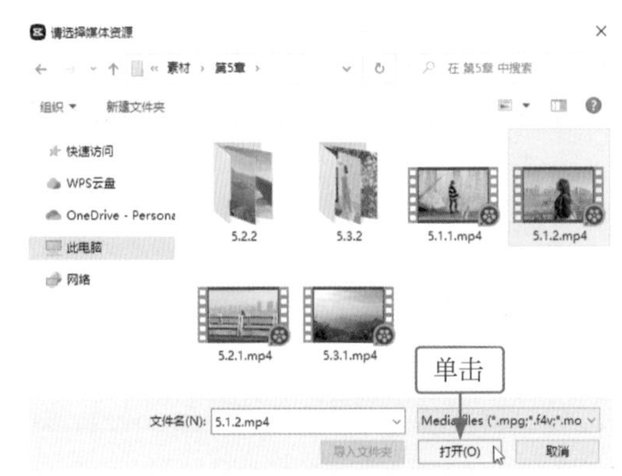

图 5-10　选择视频素材并导入

03 切换至“模板”功能区，在“模板”选项卡的搜索框中输入模板关键词，按 Enter 键即可进行搜索，在搜索结果中单击相应视频模板右下角的“添加到轨道”按钮，将视频模板添加到视频轨道，如图 5-11 所示。

04 在视频轨道中单击视频模板缩略图上的“替换素材”按钮，进入视频模板编辑界面，单击视频素材右下角的“添加到轨道”按钮，即可完成模板的套用，如图 5-12 所示。

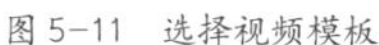
图 5-11　选择视频模板

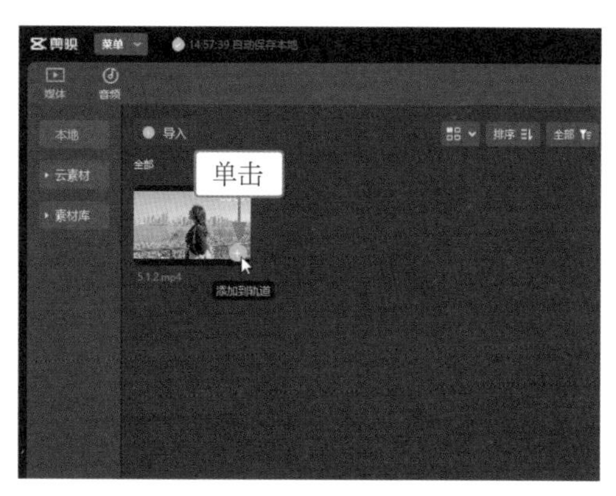

图 5-12　添加视频素材至轨道

5.2　美图秀秀，AI 套用

美图秀秀 App 作为一款强大的图像处理软件，除了能帮助用户轻松完成图片编辑工作，还提供了实用的视频编辑功能。其中，“一键大片”和“视频配方”功能可以满足用户 AI 视频创作的需求，用户只需完成导入素材和选择模板两步，AI 就会自动完成模板的套用，生成新视频。

5.2.1　一键大片，快速完成包装

扫码看视频

【效果展示】：用户将素材导入视频轨道中，在“一键大片”面板中选择合适的模板，AI 会自动完成素材的包装，效果如图 5-13 所示。

图 5-13　视频效果展示

下面介绍在美图秀秀 App 中运用“一键大片”功能快速包装出视频成品的具体操作方法。

01 打开美图秀秀 App，在首页点击“视频剪辑”按钮，如图 5-14 所示。

02 进入“图片视频”界面，选择视频素材，点击“开始编辑”按钮，如图 5-15 所示，进入视频编辑界面，将素材导入视频轨道。

图 5-14 点击“视频剪辑”按钮

图 5-15 选择视频素材并编辑

03 在界面下方的工具栏中，点击“一键大片”按钮，如图 5-16 所示。

04 在弹出的“一键大片”面板中，选择喜欢的模板，即可完成视频素材的包装，点击“快速保存”按钮，将视频保存到本地相册中，如图 5-17 所示。

图 5-16 点击“一键大片”按钮

图 5-17 包装并保存视频素材

5.2.2　视频配方，轻松创作成品

扫码看视频

【效果展示】：在“视频配方”界面，用户可以先选择喜欢的视频模板，再在“图片视频”界面中添加素材，从而生成视频，效果如图 5-18 所示。

图 5-18　视频效果展示

下面介绍在美图秀秀 App 中运用“视频配方”功能生成视频的具体操作方法。

01　打开美图秀秀 App，在首页点击“视频剪辑”按钮，如图 5-19 所示。

02　进入“图片视频”界面，点击“视频配方”按钮，即可切换至对应界面，如图 5-20 所示。

图 5-19　点击“视频编辑”按钮

图 5-20　切换至“视频配方”界面

03 在“视频配方”界面中选择喜欢的模板，进入模板预览界面，查看模板效果，点击界面右下角的“使用配方”按钮，如图 5-21 所示。

04 进入“图片视频”界面，选择相应的素材，点击“选好了”按钮，即可开始生成视频，如图 5-22 所示。

05 生成结束后，进入效果预览界面，查看套用模板后生成的视频效果，点击界面右上角的“保存”按钮，即可将视频成品保存到相册中，如图 5-23 所示。

图 5-21　点击“使用配方”按钮

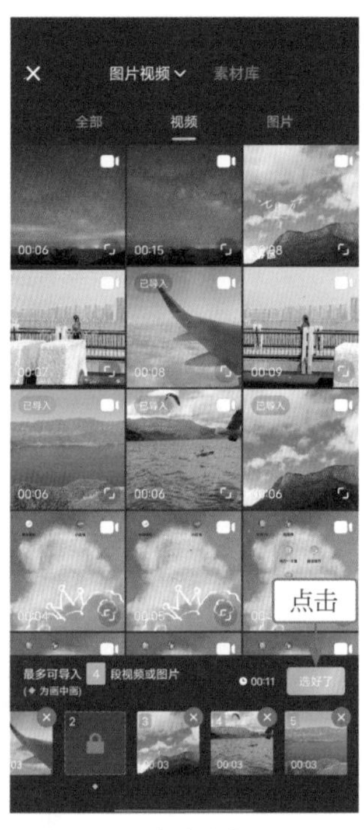

图 5-22　选择素材并生成视频

图 5-23　预览并保存视频

5.3　不咕剪辑，特色功能

不咕剪辑 App 除了拥有 AI 抠像、全轨道剪辑和文字快剪等特色功能，它的“视频模板”和“素材库”功能可以满足用户一键生成视频的需求，还支持对生成的视频进行自定义编辑，让视频效果更独特。

5.3.1　视频模板，一键生成同款

扫码看视频

【效果展示】：在“视频模板”界面中，不咕剪辑 App 提供了 20 多种

不同类型的模板，基本能够满足用户的生活和工作需求，用户选择好模板后，添加对应数量和时长的素材，即可生成同款视频，效果如图 5-24 所示。

图 5-24　视频效果展示

下面介绍在不咕剪辑 App 中运用“视频模板”功能一键生成同款视频的具体操作方法。

01　打开不咕剪辑 App，在“剪辑”界面中点击“视频模板”按钮，如图 5-25 所示。

02　执行操作后，进入“视频模板”界面，在 Vlog 选项卡中选择模板，如图 5-26 所示。

03　进入模板预览界面，查看模板效果，点击界面下方的“使用模板”按钮，如图 5-27 所示。

图 5-25　点击“视频模板”按钮

图 5-26　选择模板

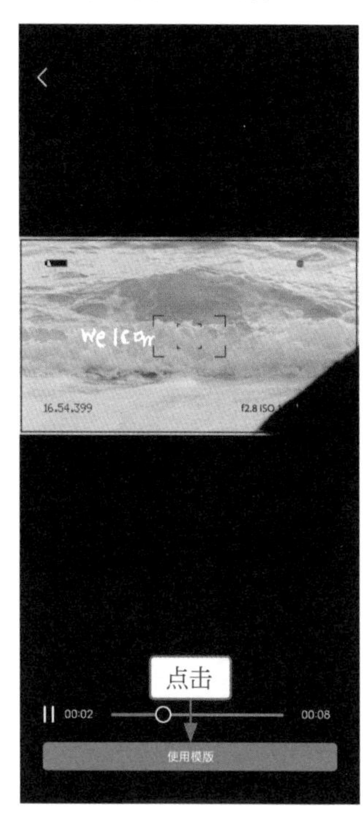

图 5-27　点击“使用模板”按钮

04　进入“相册”界面，选择视频素材，点击“下一步”按钮，即可开始生成视频，如图 5-28 所示。

05 生成结束后，进入“使用模板”界面，查看生成的视频效果，点击“导出视频”按钮，将视频导出即可，如图 5-29 所示。

图 5-28 选择素材并生成视频

图 5-29 点击“导出视频”按钮

5.3.2 素材库，生成古风视频

【效果展示】：在“素材库”界面中，不咕剪辑 App 为用户提供了海量的素材和模板，用户既可以将模板当作素材添加到轨道中进行编辑，又可以为视频素材套用模板生成唯美的视频，效果如图 5-30 所示。

扫码看视频

图 5-30 视频效果展示

下面介绍在不咕剪辑 App 中运用“素材库”功能生成古风视频的具体操作方法。

01　打开不咕剪辑 App，切换至“素材库”界面，在“素材库”｜“片头”选项卡的“古风”选项区中，选择相应的模板，如图 5-31 所示。

02　进入模板预览界面，查看模板效果，点击界面右下角的“使用模板”按钮，如图 5-32 所示。

03　进入“相册”界面，选择视频素材，点击“下一步”按钮，即可开始生成视频，如图 5-33 所示。

图 5-31　选择模板

图 5-32　点击“使用模板”按钮

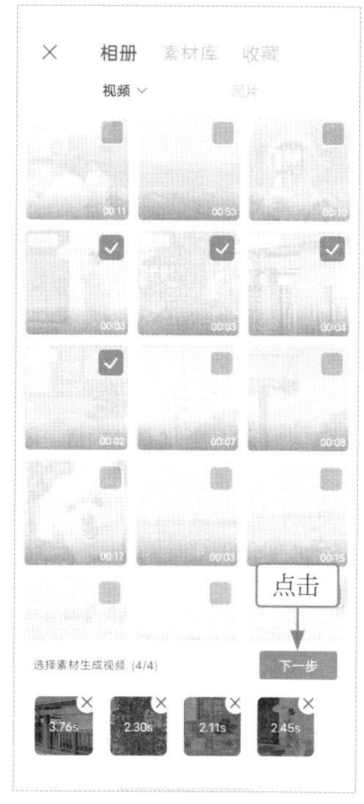

图 5-33　选择素材并生成视频

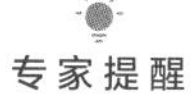

专家提醒

用户在“素材库”界面也可以选中模板右上角的复选框，点击“导入”按钮，进入视频编辑界面，对模板进行更多样化的编辑，导入相应的素材，即可完成视频的生成。

04　生成结束后，进入“使用模板”界面，用户可以预览视频效果，并对视频片段和文字进行修改，如点击要修改的文字，如图 5-34 所示。

05　在弹出的文本框中，修改文字内容，点击“确定”按钮，即可完成文字的修改，如图 5-35 所示。

06　修改完成后，点击界面右下角的“导出视频”按钮，即可将成品视频保存到本地相册中，如图 5-36 所示。

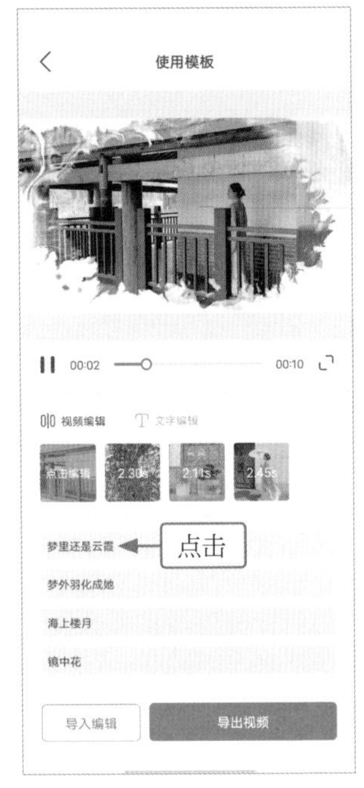

图 5-34　点击要修改的文字

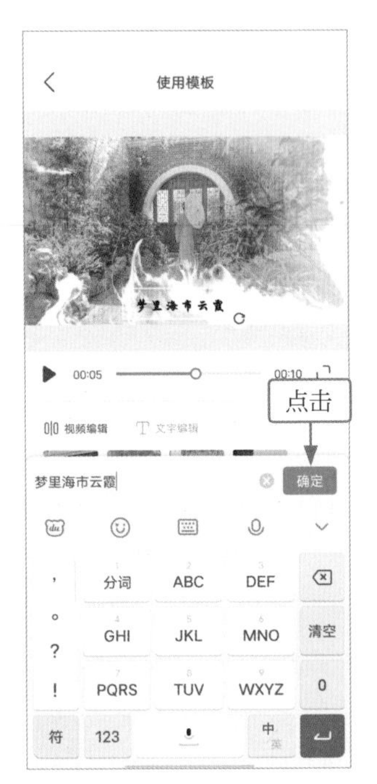

图 5-35　修改文字内容

图 5-36　导出并保存视频

本章小结

本章主要为读者介绍了 3 个能够使用视频生成视频的软件及其相关功能的使用方法，包括剪映电脑版的“模板”功能，美图秀秀 App 的“一键大片”和“视频配方”功能，以及不咕剪辑 App 的“视频模板”和“素材库”功能。通过本章的学习，读者能够更好地掌握用视频生成视频的操作方法。

课后习题

为了使读者更好地掌握本章所学知识，下面将通过课后习题帮助读者进行简单的知识回顾和补充。

1. 运用剪映电脑版的“模板”功能，生成一个比例为竖屏的卡点视频。

2. 运用美图秀秀 App 的“一键大片”功能，将 6 段视频素材生成一个视频。

AI视频制作篇

第 6 章
腾讯智影：AI 绘画、AI 配音与智能处理

腾讯智影提供了许多实用且强大的 AI 功能，能够帮助用户完成素材的生成与处理。本章介绍腾讯智影的“AI 绘画”“文本配音”“智能抹除”“字幕识别”和“智能横转竖”功能的使用方法。

6.1　AI 创作，省时省力

腾讯智影除了在“文章转视频”中配置了 AI 创作功能，还提供了 AI 绘画和 AI 文本配音等创作工具，帮助用户省时省力地完成素材的准备工作。

6.1.1　AI绘画，生成精美图片

当用户在寻找制作视频的图片素材时，可以使用“AI 绘画”功能，输入相应的关键词，就能生成视频所需的素材，具体操作方法如下。

扫码看视频

01　登录“腾讯智影”首页，进入“创作空间”页面，单击“AI 绘画”按钮，如图 6-1 所示。

图 6-1　单击“AI 绘画”按钮

02　执行操作后，进入“AI 绘画”页面，在“画面描述”下方的文本框中输入关键词，设置“模型主题”为“厚涂风”，如图 6-2 所示。

03　滑动页面，设置“画面比例”为 4:3、“每次生成数量”为 1，如图 6-3 所示，单击“生成绘画”按钮，即可开始生成。

04　稍等片刻，页面的右下方会显示生成的图片缩略图，单击该缩略图，即可放大图片，效果如图 6-4 所示。

专家提醒

用户如果想保存图片，只需单击图片下方的“下载”按钮，在弹出的“新建下载任务”对话框中设置图片的名称和保存位置，单击“下载”按钮，即可将图片保存到本地文件夹中。

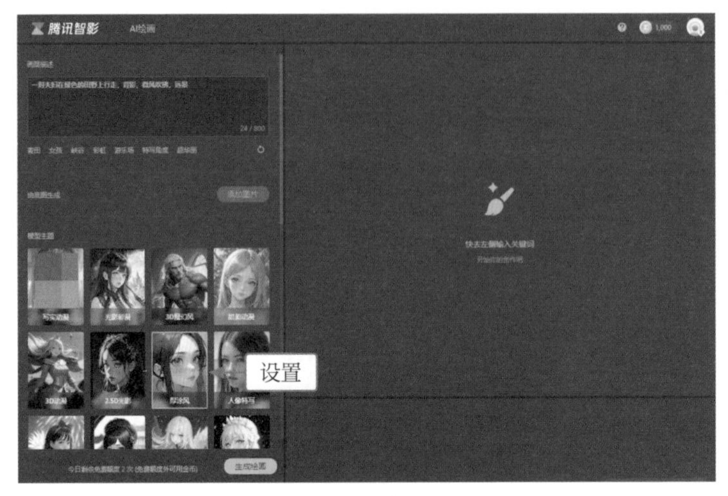

图 6-2　设置模型主题

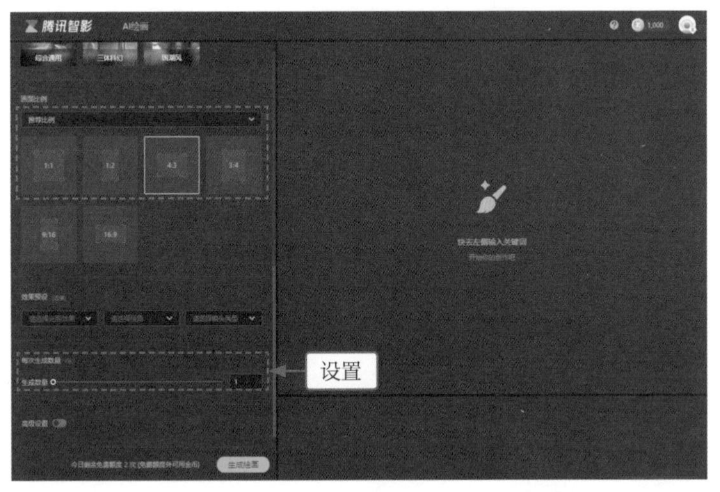

图 6-3　设置画面参数

图 6-4　放大图片效果

6.1.2　文本配音，进行 AI 配音

如果用户需要将文本变成音频，又不想自己录音，就可以运用“文本配音”功能，让 AI 完成配音工作，其中有许多配音音色可以选择，让生成的配音更具个性，具体操作方法如下。

01　登录“腾讯智影”首页，进入“创作空间”页面，单击“文本配音”按钮，如图 6-5 所示。

图 6-5　单击“文本配音”按钮

02　执行操作后，进入“文本配音”页面，单击“新建文本配音”按钮，如图 6-6 所示。

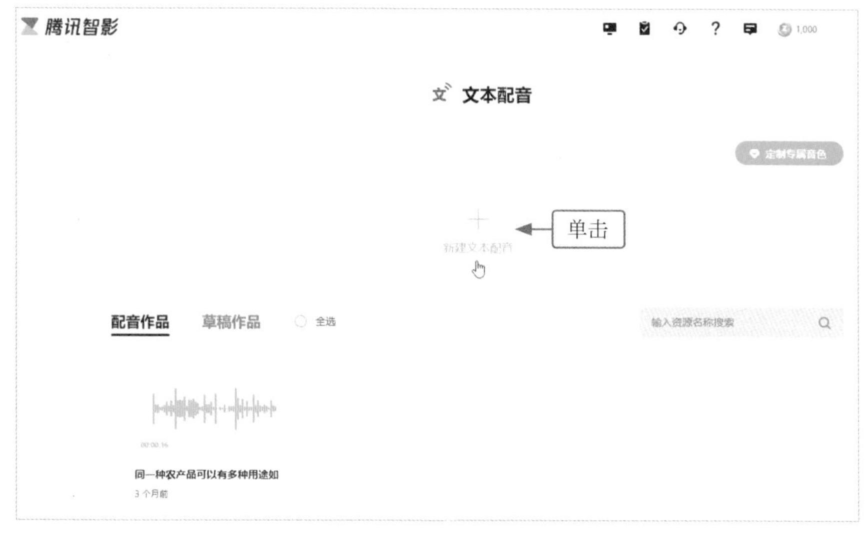

图 6-6　单击“新建文本配音”按钮

03 执行操作后，进入相应页面，在文本框中输入文本内容，单击配音音色头像，如图 6-7 所示。

图 6-7　单击配音音色头像

04 弹出相应面板，选择合适的音色，单击“确定”按钮，即可更改朗读音色，如图 6-8 所示。

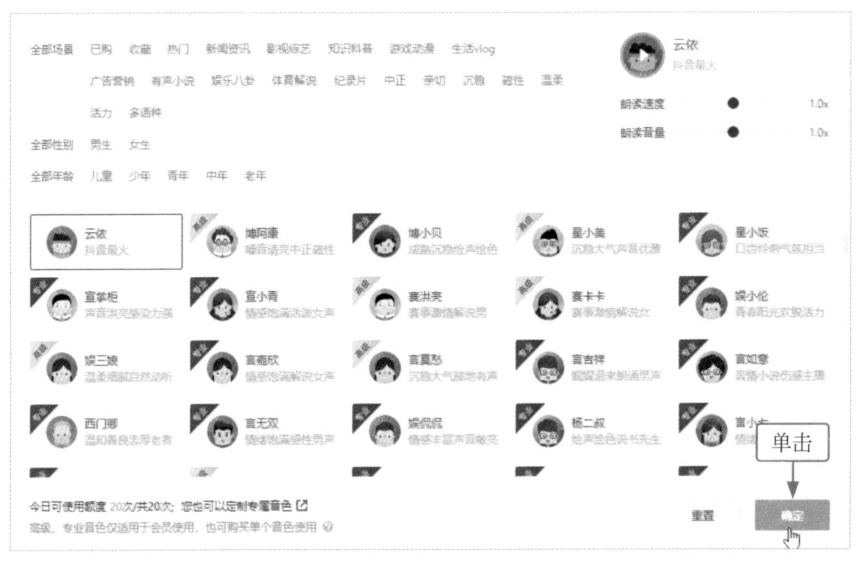

图 6-8　选择合适的音色

05 单击页面右上角的“生成音频素材”按钮，开始进行配音，并跳转至“文本配音”页面，在“配音作品”选项卡中可以查看配音的生成进度，生成结束后，单击配音作品，即可进行试听，如图 6-9 所示。

图 6-9　试听配音作品

6.2　智能处理，高效便捷

在腾讯智影中，提供了多种AI功能让素材的处理更高效。本节主要介绍运用腾讯智影的“智能抹除”“字幕识别”和“智能横转竖”功能进行视频处理的操作方法。

6.2.1　智能抹除，去除水印文字

扫码看视频

【效果展示】：运用“智能抹除”功能，用户可以选择性地抹除视频中的水印和字幕，避免文字影响画面的美观，效果对比如图 6-10 所示。

图 6-10　视频效果对比

下面介绍在腾讯智影中运用“智能抹除”功能去除水印文字的具体操作方法。

01　登录“腾讯智影”首页，进入“创作空间”页面，单击“智能抹除”按钮，如图 6-11 所示。

图 6-11　单击“智能抹除”按钮

02 执行操作后，进入“智能抹除”页面，单击“本地上传”按钮，如图 6-12 所示。

03 在弹出的“打开”对话框中，选择视频素材，单击“打开”按钮，即可上传视频素材，如图 6-13 所示。

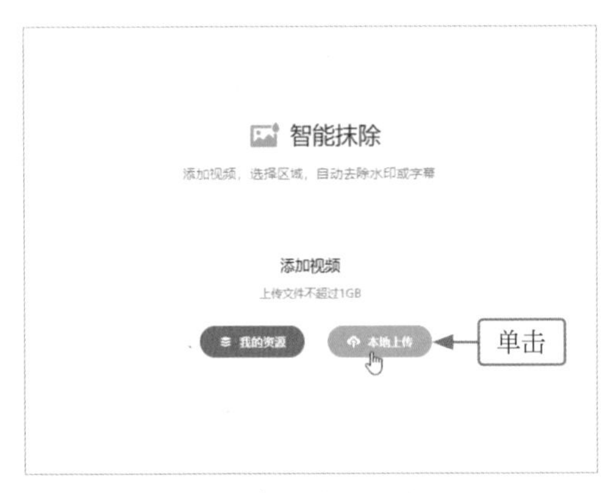

图 6-12　单击“本地上传”按钮

图 6-13　选择并上传视频素材

04 在“智能抹除”页面的视频预览区域中，调整绿色水印框的位置和大小，使其框选住水印文字，单击紫色字幕框中的☒按钮，将多余的选框删除，如图 6-14 所示。

05 设置好需要抹除的内容后，单击“确定”按钮，如图 6-15 所示。

06 执行操作后，即可开始进行 AI 处理，自动抹除框选的文字内容，稍等片刻，用户可以在“最近作品”板块中查看处理好的视频效果，还可以单击“下载”按钮，将视频下载到本地文件夹中，如图 6-16 所示。

图 6-14　删除多余选框

图 6-15　设置需要抹除的内容

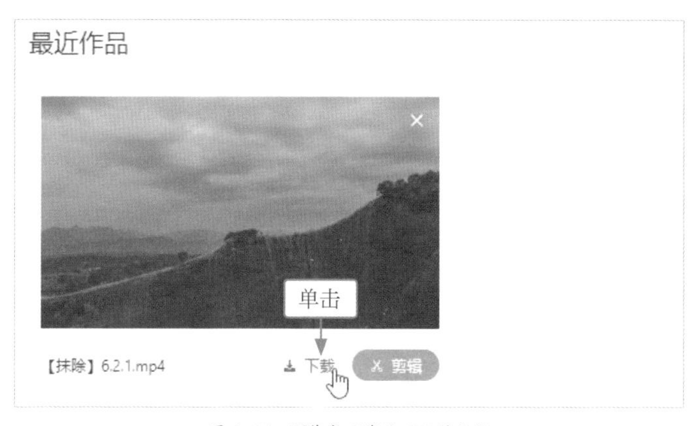

图 6-16　预览或下载处理好的视频

6.2.2 字幕识别，生成歌词文本

【效果展示】：腾讯智影的“字幕识别”功能可以自动识别视频中的音频，生成对应的字幕，并且支持中文和英文两种字幕形式，效果如图6-17所示。

图6-17　字幕效果展示

下面介绍在腾讯智影中运用“字幕识别”功能生成歌词文本的具体操作方法。

01 在腾讯智影的“创作空间”页面，单击“视频剪辑”按钮，进入视频剪辑页面，在“当前使用”选项卡中单击“本地上传”按钮，如图6-18所示。

02 在弹出的“打开”对话框中，选择视频素材，单击“打开”按钮，将素材上传到“当前使用”选项卡中，单击素材右上角的“添加到轨道”按钮+，将视频素材添加到视频轨道中，如图6-19所示。

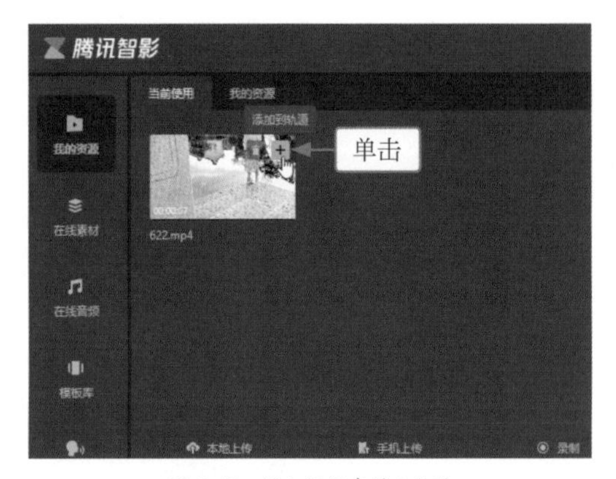

图6-18　单击“本地上传”按钮

图6-19　添加视频素材至轨道

03 在视频轨道的上方单击“字幕识别”按钮，在弹出的列表框中选择“中文字幕”选项，如图6-20所示。

04 执行操作后，即可开始自动识别视频中的音乐，并生成相应的歌词字幕，如图6-21所示。

图 6-20　选择“中文字幕”选项

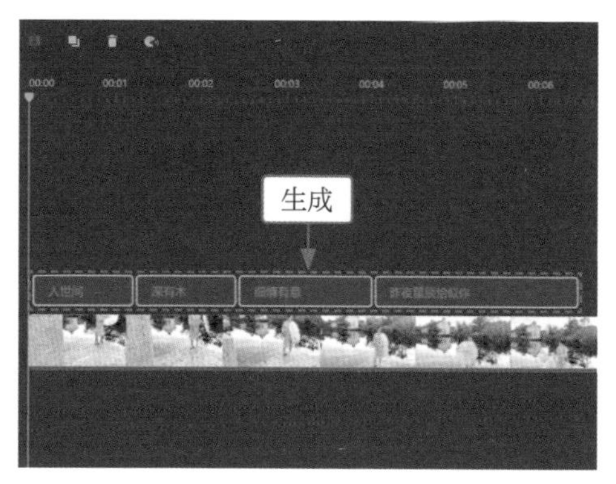

图 6-21　生成歌词字幕

05　修改歌词文本的内容，如图 6-22 所示。

06　切换至“编辑”选项卡，更改文字字体，设置“字号”参数为 70，并设置相应的预设样式，如图 6-23 所示，设置的样式效果会自动同步添加到其他字幕上。

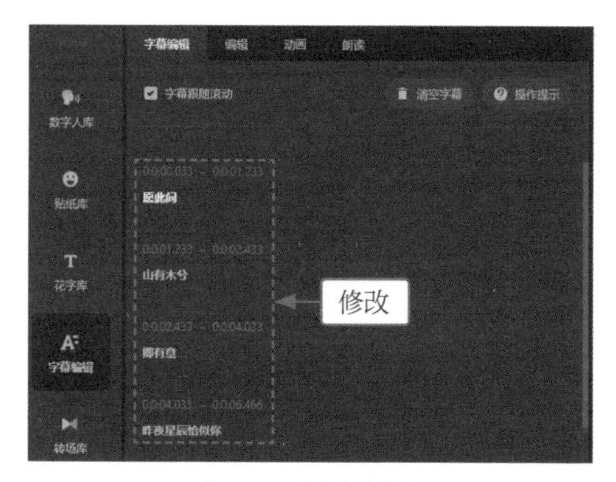

图 6-22　修改文本内容

图 6-23　设置字体预设样式

07　在页面的右上方单击“合成”按钮，弹出“合成设置”对话框，单击“合成”按钮，即可生成视频，如图 6-24 所示。

图 6-24　生成视频

专家提醒

在腾讯智影中，有时用户上传的素材名称会发生变动，这是系统自动更改的，用户不必担心，只需在合成或下载视频时进行修改即可。

6.2.3 智能横转竖，自动转换尺寸

扫码看视频

【效果展示】：腾讯智影的“智能横转竖”功能提供了9:16、3:4和1:1的视频比例，用户只需上传素材后选择，即可自动进行转换，效果对比如图6-25所示。

图6-25 视频尺寸效果对比

下面介绍在腾讯智影中运用“智能横转竖”功能转换视频尺寸的具体操作方法。

01 在腾讯智影的“创作空间”页面中单击“智能横转竖”按钮，进入“智能横转竖”页面，单击“本地上传”按钮，如图6-26所示。

02 在弹出的“打开”对话框中，选择视频素材，单击“打开”按钮，即可上传视频素材，如图6-27所示。

03 在“智能横转竖”页面中，保持“选择画面比例”为9:16不变，单击“确定”按钮，如图6-28所示。

04 执行操作后，即可开始进行AI处理，系统会自动将横屏视频裁剪成竖屏尺寸，稍等片刻，用户可以在“最近作品”板块中查看处理好的视频效果，如图6-29所示。

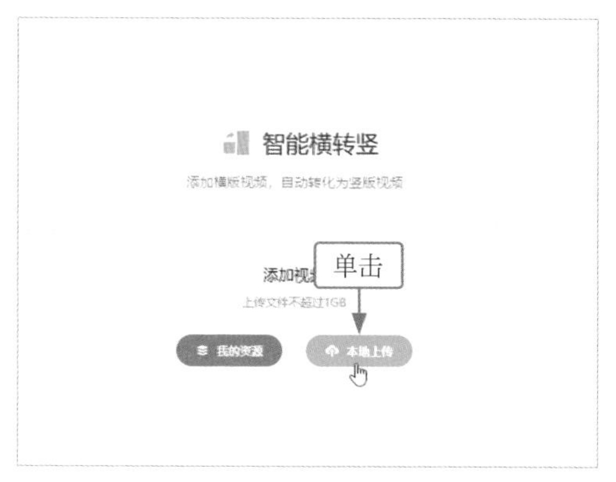

图 6-26　单击“本地上传”按钮

图 6-27　选择并上传视频素材

图 6-28　选择 9:16 画面比例

图 6-29　查看处理好的视频

05 用户还可以单击“下载”按钮，将视频下载到本地文件夹中，如图 6-30 所示。

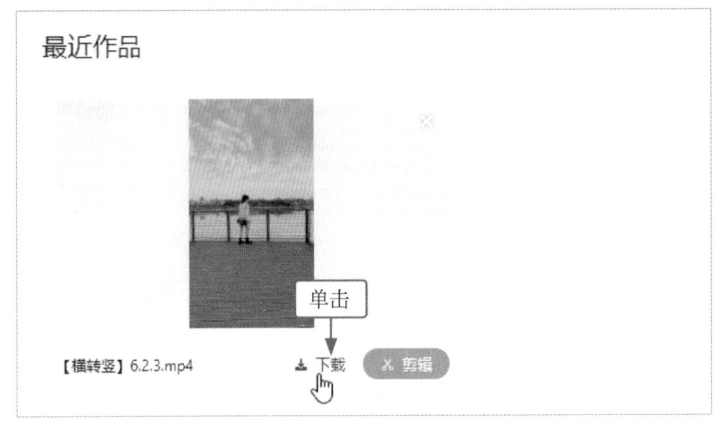

图 6-30 下载视频

本章小结

本章主要为读者介绍腾讯智影的 5 个 AI 功能，包括使用“AI 绘画”功能生成精美图片、使用“文本配音”功能进行 AI 配音、使用“智能抹除”功能去除水印文字、使用“字幕识别”功能生成歌词文本，以及使用“智能横转竖”功能自动转换视频尺寸的操作方法。通过本章的学习，读者能够更好地掌握这些 AI 功能的用法，提高视频处理的效率。

课后习题

为了使读者更好地掌握本章所学知识，下面将通过课后习题帮助读者进行简单的知识回顾和补充。

1. 运用腾讯智影的“AI 绘画”功能，生成一张主题为波斯猫的方图。

2. 运用腾讯智影的“智能横转竖”功能，将一段横屏视频变成比例为 3:4 的竖屏视频。

第 7 章

一帧秒创：AI 帮写、AI 作画与智能编辑

一帧秒创是一个 AI 内容生成平台，能够帮助用户快速生成和处理文案、图片等内容。本章介绍一帧秒创的“AI 创作”“AI 作画”“视频去水印”“文字转语音”和“视频裁切”功能的使用方法。

7.1 AI 创作，快速生成

在制作短视频的过程中，用户经常会碰到两个问题：短视频的文案怎么写？如何获得美观的视频素材？一帧秒创的“AI 帮写”和“AI 作画”功能可以轻松解决这些问题，帮助用户快速生成短视频的文案和素材。

7.1.1 AI 帮写，创作视频文案

扫码看视频

一帧秒创的“AI 帮写”功能为普通用户提供了每天 10 次的免费额度，还支持设置行文风格和文案长度，更有文案调整功能，帮助用户优化和修改生成的文案内容。

下面介绍在一帧秒创中运用“AI 帮写”功能生成短视频文案的具体操作方法。

01 登录并进入“一帧秒创”首页，单击“AI 帮写”按钮，如图 7-1 所示。

图 7-1 单击“AI 帮写”按钮

02 执行操作后，进入“AI 帮写”页面，在“说说你想写什么”下方的输入框中输入关键词，设置“行文风格”为“舌尖体”、“文案长度”为“中”，单击“生成文案”按钮，即可开始根据用户需求生成文案，如图 7-2 所示。

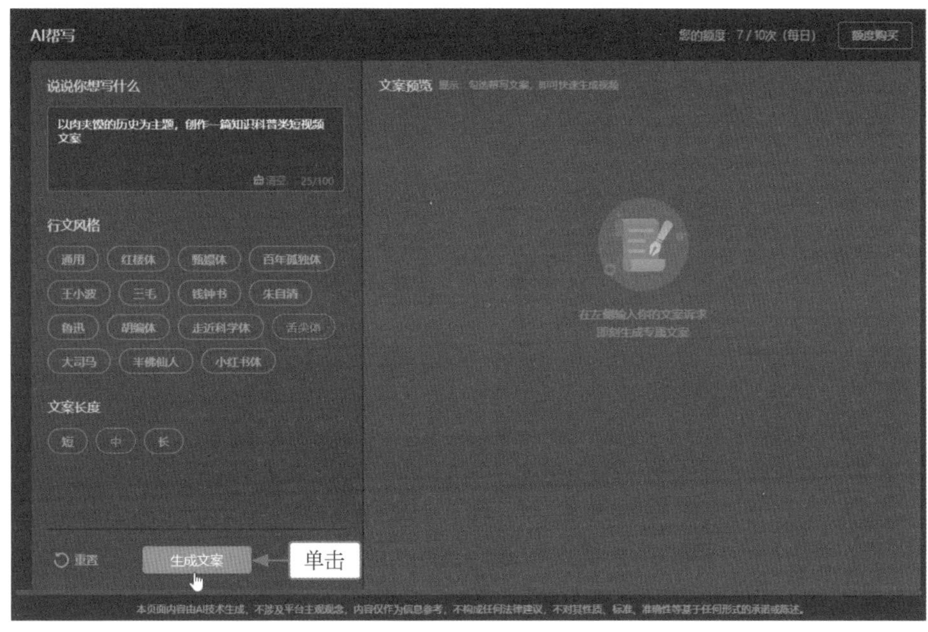

图 7-2　设置并生成文案

03 稍等片刻，即可在“文案预览”板块中查看生成的短视频文案，如图 7-3 所示。

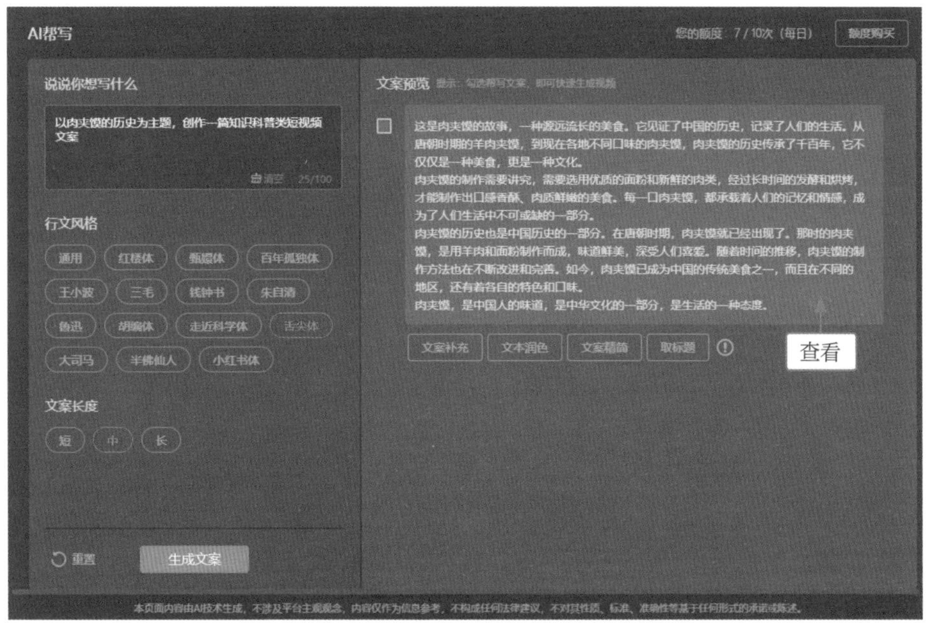

图 7-3　查看生成的文案

04 在生成的文案下方，还有“文案补充”“文本润色”“文案精简”和“取标题”4 个按钮，用户可以单击相应按钮对文案进行智能调整，如单击“文本润色”按钮，AI 会在已有文案的基础上进行润色修改，并生成新文案，如图 7-4 所示。

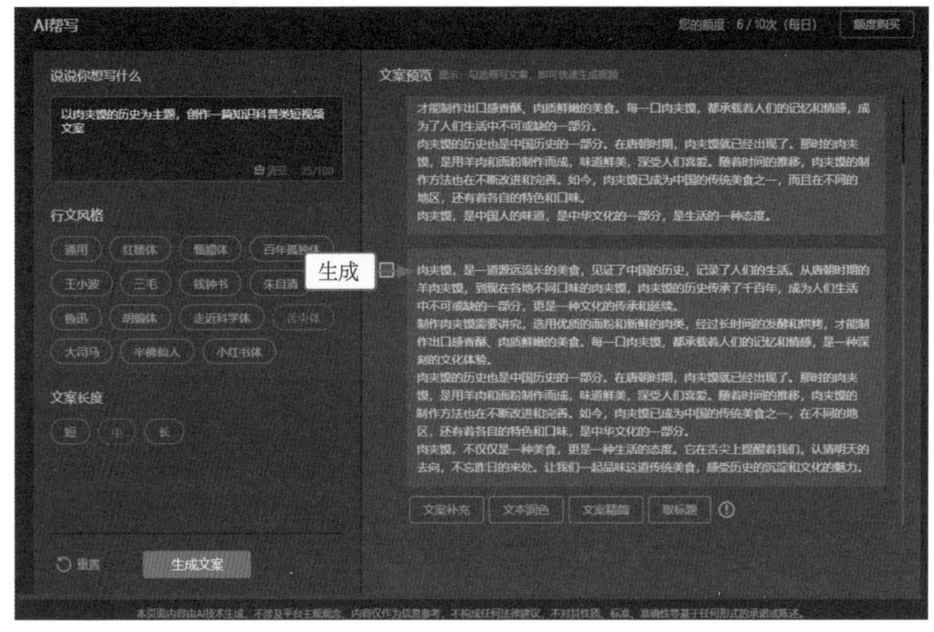

图 7-4　生成润色后的文案

专家提醒

需要注意的是，除了单击“生成文案”按钮会消耗免费额度，单击“文案补充”“文本润色”“文案精简”“取标题”按钮，也会消耗用户每日的免费额度。

7.1.2　AI 作画，生成图片素材

用户在使用“AI 作画”功能进行创作时，除了输入关键词，还可以设置修饰词、参考图、绘画风格、艺术家、图像比例和智能优化，让绘画作品更加美观。

扫码看视频

下面介绍在一帧秒创中运用“AI 作画”功能生成图片素材的具体操作方法。

01 登录并进入“一帧秒创”首页，单击“AI 作画”按钮，如图 7-5 所示。

02 执行操作后，进入“创作”页面，在“画面描述”下方的输入框中输入关键词，在“添加修饰词”选项区中单击“展开”按钮，如图 7-6 所示。

03 执行操作后，即可展开所有修饰词，单击“细节丰富”标签，如图 7-7 所示，在关键词的末尾添加“细节丰富”修饰词。用同样的方法，添加“全景”和 8K 两个修饰词。

图 7-5　单击“AI 作画”按钮

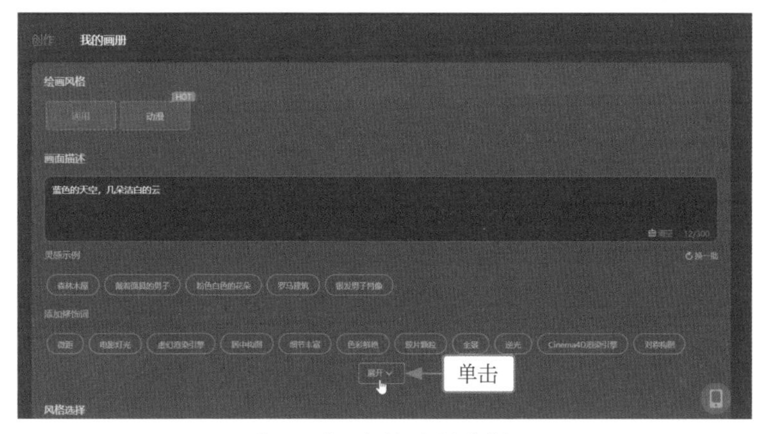

图 7-6　输入关键词并添加修饰词

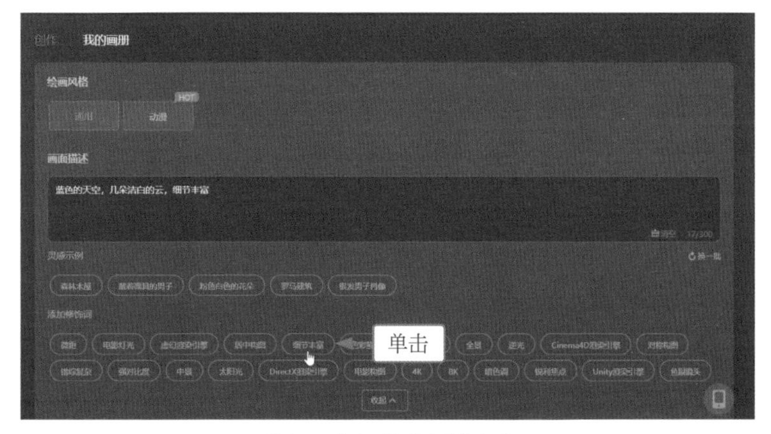

图 7-7　单击“细节丰富”标签

04 在“风格选择”选项区，选择“写实艺术”风格，让生成的图片更具真实感，如图 7-8 所示。

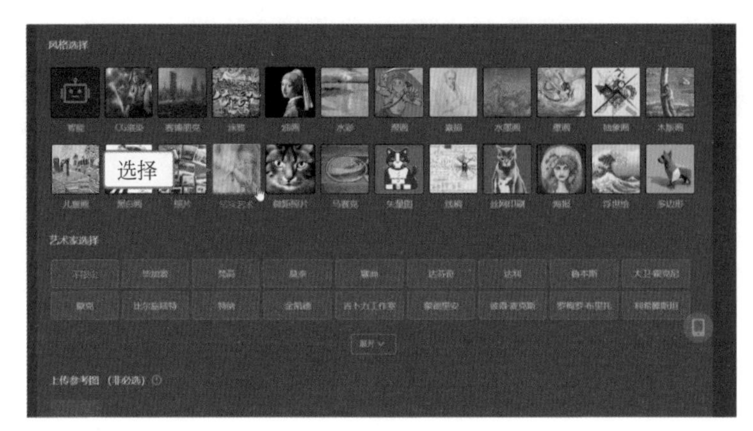

图 7-8　选择“写实艺术”风格

05 在“图像比例”选项区，选择“方图”选项，设置生成图片的比例，单击“开始创作”按钮，即可开始生成相应图片，如图 7-9 所示。

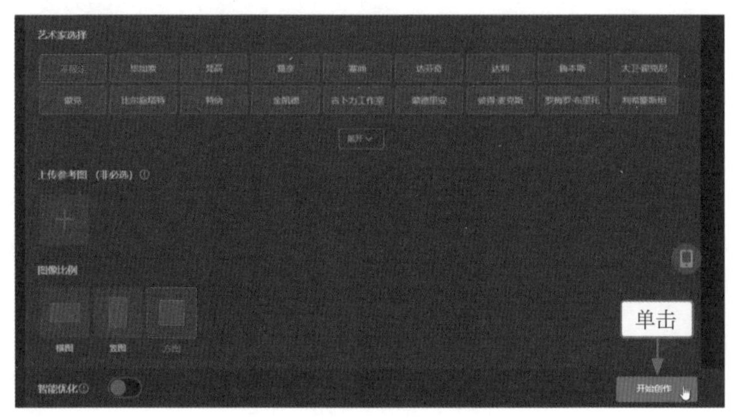

图 7-9　单击“开始创作”按钮

06 稍等片刻，用户可以在“我的画册”页面中查看生成的图片，单击图片，即可查看放大的图片和相关信息，如图 7-10 所示。

专家提醒

用户可以对生成的图片进行编辑，如单击“下载”按钮，将图片下载到本地文件夹中；单击“再来一张”按钮，跳转至“创作”页面，自动设置相同的关键词和参数；单击“开始创作”按钮，即可生成一张新图片；单击“展览投稿”按钮，即可将作品投稿至画展广场中；单击“删除”按钮，即可将图片删除。

图 7-10　查看图片和相关信息

7.2　智能编辑，提高效率

为了提高用户制作视频的效率，一帧秒创提供了多个 AI 视频编辑功能，能够满足简单的视频制作与处理的需求。本节主要介绍一帧秒创中的“视频去水印”“文字转语音”和“视频裁切”功能的使用方法。

7.2.1　视频去水印，获得纯净画面

扫码看视频

【效果展示】：“视频去水印”功能可以帮助用户快速去除视频中的水印或字幕，让用户获得纯净的视频画面，效果对比如图 7-11 所示。

图 7-11　视频去水印效果对比

下面介绍在一帧秒创中运用“视频去水印”功能获得纯净画面的具体操作方法。

01 登录“一帧秒创”，在首页左侧的导航栏中，单击“视频去水印”标签，进入“视频去水印”页面，单击按钮，如图7-12所示。

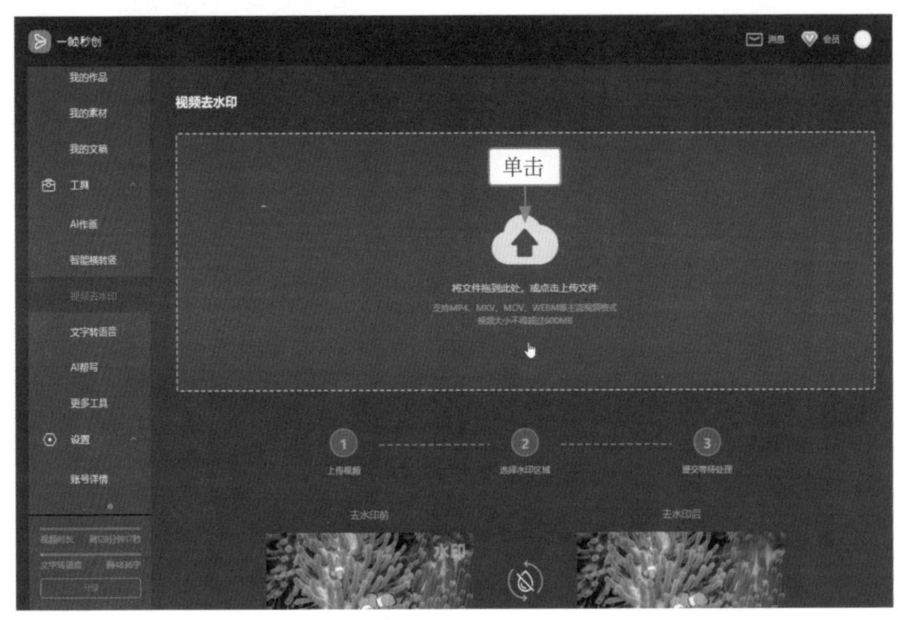

图7-12 单击上传按钮

02 在弹出的“打开”对话框中，选择视频素材，单击“打开”按钮，将视频上传后，跳转至“去水印”页面，拖曳并调整预览区域中选取框的位置和大小，使其覆盖水印文字，如图7-13所示。

图7-13 调整选取框的位置和大小

03 单击“提交”按钮，开始进行水印文字的处理，单击“去看看”按钮，跳转至“我的素材”页面，单击视频缩略图上的播放按钮，预览视频处理效果，如图 7-14 所示。

图 7-14　预览视频处理效果

7.2.2　文字转语音，生成配音音频

“文字转语音”功能可以帮助用户快速生成 AI 配音音频，还支持设置配音音色、语速和音量等参数，从而优化音频效果。需要注意的是，一帧秒创为普通用户提供了 5000 字的免费文本配音字数，超出此额度后，用户需要先购买额度才能进行生成。

扫码看视频

下面介绍在一帧秒创中运用“文字转语音”功能生成配音音频的具体操作方法。

01 打开文案文档，全选文本内容，在文本上单击鼠标右键，在弹出的快捷菜单中选择“复制”选项，将文本复制一份，如图 7-15 所示。

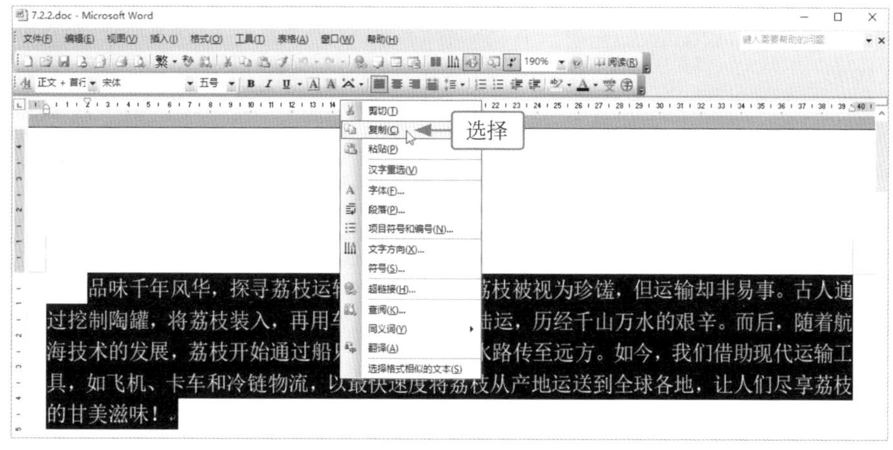

图 7-15　复制文本

02 在“一帧秒创”首页左侧的导航栏中，单击“文字转语音”标签，进入“文字转语音”页面，在内容输入框中单击鼠标右键，在弹出的快捷菜单中选择“粘贴”选项，将复制的文本粘贴在输入框中，单击配音音色头像，如图7-16所示。

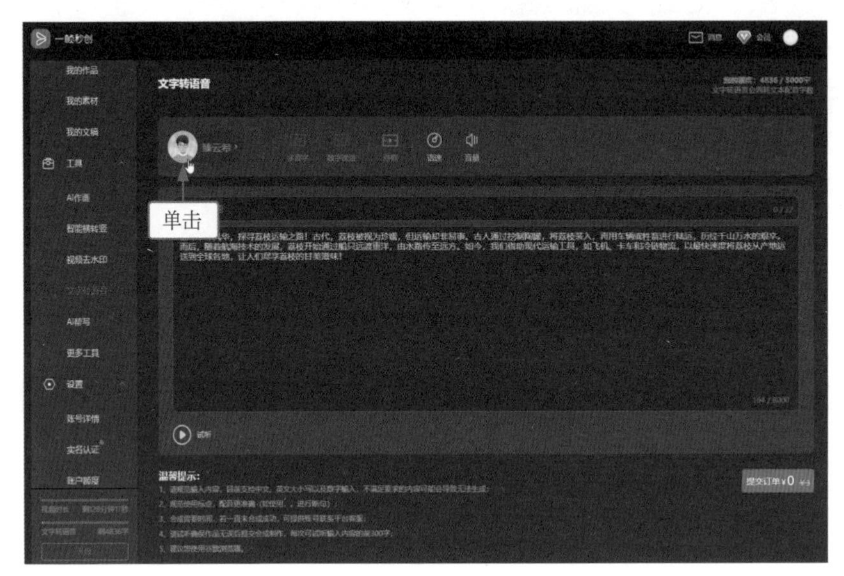

图7-16　单击配音音色头像

03 在弹出的“选择声音”面板中，选择合适的音色，单击下方的“使用”按钮，即可选择配音的声音，如图7-17所示。

04 返回“文字转语音”页面，单击右下角的“提交订单”按钮，即可开始进行转换，在“我的素材”页面中可以查看音频转换进度，如图7-18所示。

图7-17　选择配音的声音

图7-18　查看音频转换进度

7.2.3 视频裁切，自由选取画面

【效果展示】：“视频裁切”功能与“智能横转竖”功能类似，都可以快速改变视频的尺寸。不过，“视频裁切”功能提供了更多尺寸选择，并且用户在裁切时可以自由选择画面裁切的位置和大小，效果对比如图7-19所示。

图7-19 视频裁切效果对比

下面介绍在一帧秒创中运用“视频裁切”功能自由选取裁切画面内容的具体操作方法。

01 在“一帧秒创”首页，单击“更多工具”按钮，进入“工具”页面，单击“视频裁切”按钮，如图7-20所示。

图7-20 单击“视频裁切”按钮

02 进入“视频裁切”页面，单击按钮，将素材上传，跳转至“裁切”页面，设置“裁切比例”为 1:1，在预览区域调整裁切框的位置，单击“提交”按钮即可进行视频的裁切，如图 7-21 所示。

图 7-21 设置并裁切视频

本章小结

本章主要为读者介绍了一帧秒创的 5 个 AI 功能，包括使用“AI 帮写”功能创作视频文案、使用“AI 作画”功能生成图片素材、使用“视频去水印”功能获得纯净画面、使用“文字转语音”功能生成配音音频、使用“视频裁切”功能自由选取画面的操作方法。通过本章的学习，读者能够更好地掌握这些 AI 功能的用法，提升视频制作的效率。

课后习题

为了使读者更好地掌握本章所学知识，下面将通过课后习题帮助读者进行简单的知识回顾和补充。

1. 运用“AI 帮写”功能，生成一篇主题为“夏季防晒技巧”的短视频文案。

2. 运用“AI 作画”功能，生成一张主题为“山谷春色”的竖幅图片。

第 8 章

Premiere：AI 助力素材剪辑与编辑

Premiere Pro 2023 是一款视音频非线性编辑软件，是视频编辑爱好者和专业人士必不可少的编辑工具，它拥有许多实用的 AI 视频制作功能，可以帮助用户快速剪辑与处理视频片段。本章介绍“场景编辑检测”“自动调色”和“语音识别自动生成字幕”3 个 AI 功能的使用方法。

8.1 AI 剪辑，场景编辑检测

在 Premiere Pro 2023 中，使用“场景编辑检测”功能可以自动检测视频场景并剪辑视频片段，帮助用户一键完成素材的处理。本节主要介绍使用“场景编辑检测”功能自动剪辑素材、生成素材箱和重新合成视频片段的操作方法。

8.1.1 自动剪辑，根据场景分段

根据用户添加的视频素材，Premiere 可以自动检测视频中包含的多个场景，然后按场景自动剪辑视频片段，具体操作步骤如下。

扫码看视频

01 启动 Premiere Pro 2023，系统自动弹出欢迎界面，单击“新建项目”按钮，进入新建项目界面，修改项目名称和项目位置，单击“创建”按钮，即可创建一个项目，如图 8-1 所示。

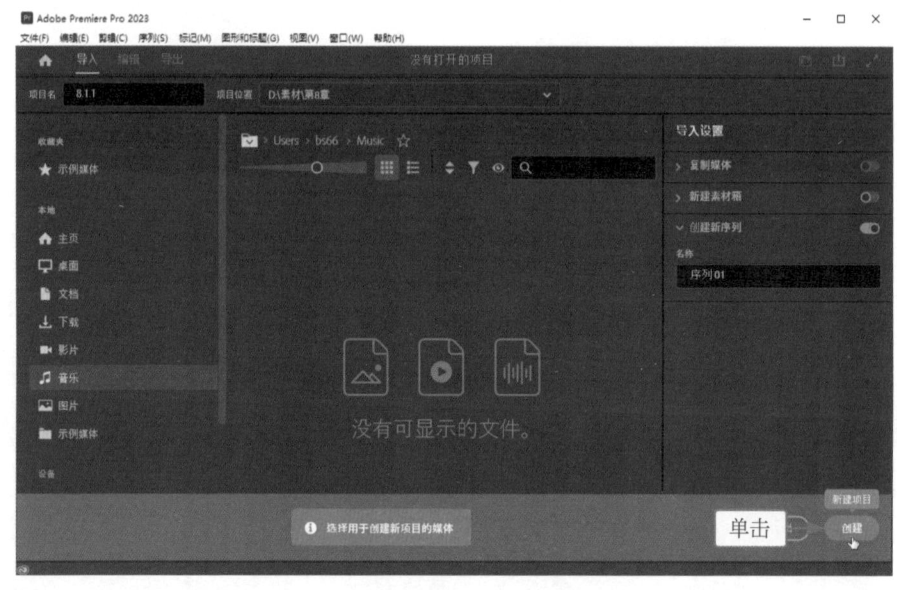

图 8-1 创建项目

02 在菜单栏中，单击“文件”选项，在打开的菜单中单击“导入”命令，如图 8-2 所示。

03 在弹出的“导入”对话框中，选择相应的视频素材，如图 8-3 所示。

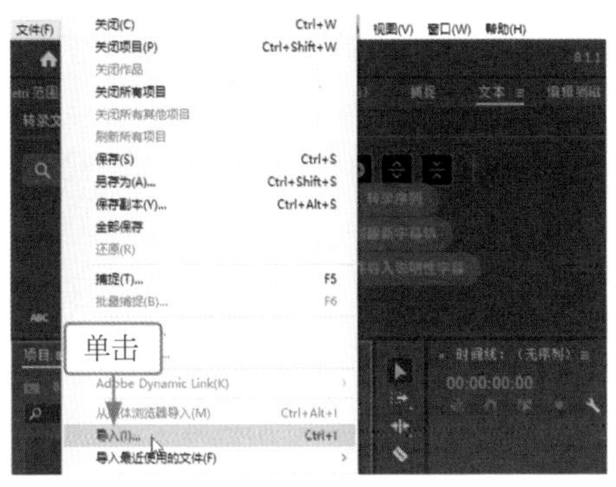

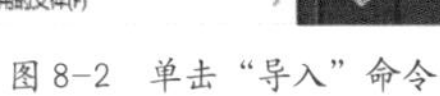
图 8-2　单击“导入”命令

图 8-3　选择视频素材

04 单击“打开”按钮，即可在“项目”面板中查看导入的素材文件缩略图，如图 8-4 所示。

05 将素材拖曳至“时间轴”面板中，单击鼠标右键，在弹出的快捷菜单中选择“场景编辑检测”选项，如图 8-5 所示。

图 8-4　查看导入的素材文件

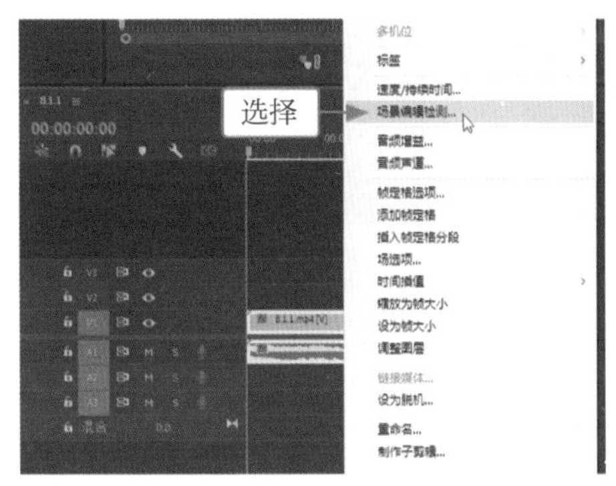

图 8-5　选择“场景编辑检测”选项

06 在弹出的“场景编辑检测”对话框中，选中“在每个检测到的剪切点应用剪切”复选框，单击“分析”按钮，如图 8-6 所示。

07 分析完成后，即可根据视频场景自动剪辑视频片段，将一整段视频剪切成 3 个小片段，如图 8-7 所示。

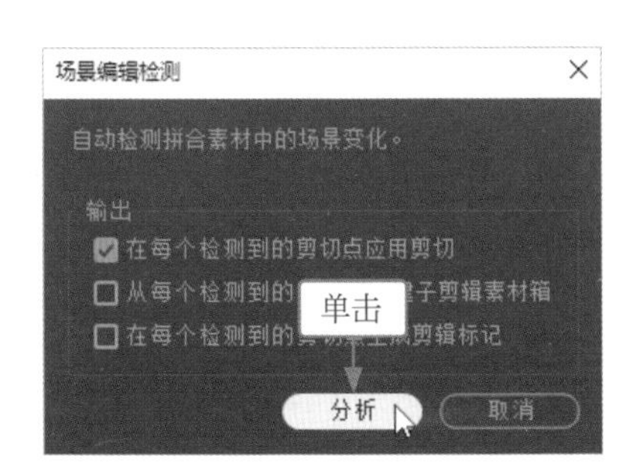

图 8-6　分析视频分割

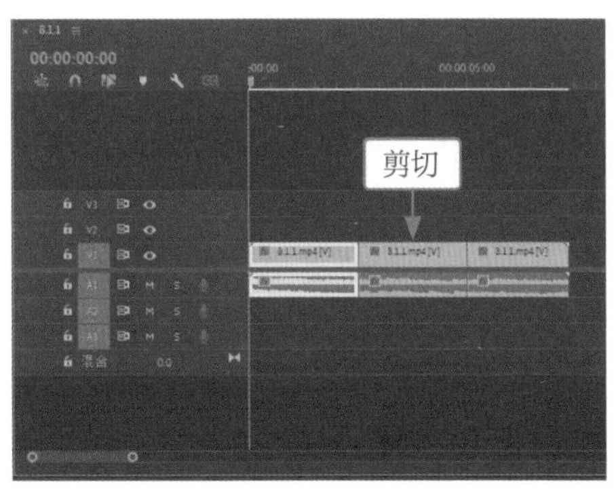

图 8-7　自动剪切视频片段

8.1.2 生成素材箱，存放视频片段

在 Premiere Pro 2023 中，用户可以对视频素材进行自动剪辑操作，并将剪辑完成的视频自动生成素材箱，方便后续的视频调用与处理，具体操作步骤如下。

扫码看视频

01 新建一个项目，在“项目”面板中导入一段视频素材，如图 8-8 所示。

02 将素材拖曳至“时间轴”面板，如图 8-9 所示。

图 8-8 导入一段视频素材

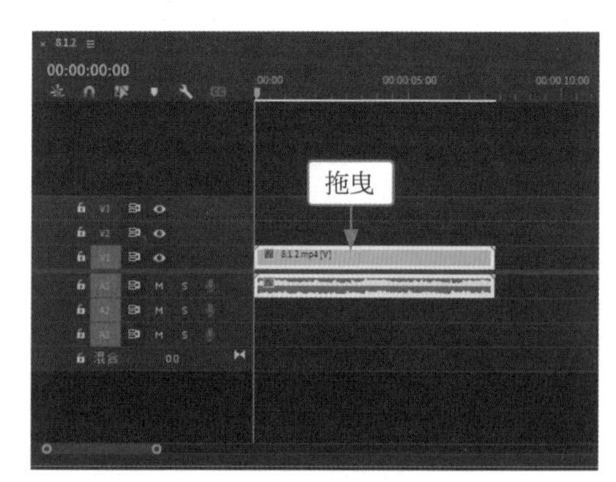

图 8-9 将素材拖曳至“时间轴”面板

03 在素材上单击鼠标右键，在弹出的快捷菜单中，选择“场景编辑检测”选项，即可弹出“场景编辑检测”对话框，选中“在每个检测到的剪切点应用剪切”和“从每个检测到的修剪点创建子剪辑素材箱”复选框，单击“分析”按钮，如图 8-10 所示。

04 分析完成后，即可根据视频场景自动剪辑视频片段，将一整段视频剪切成 3 个小片段，如图 8-11 所示。

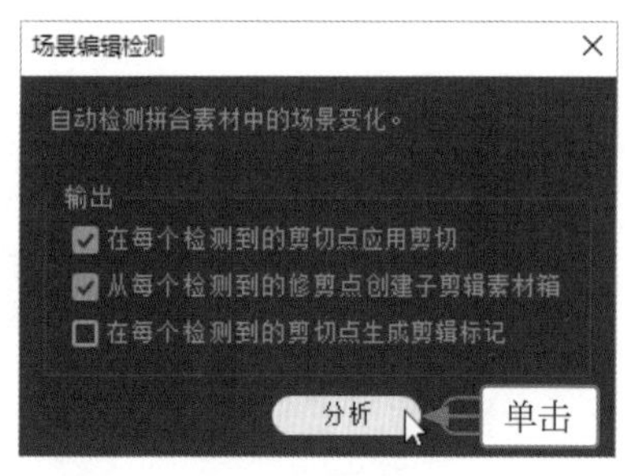

图 8-10 分析视频分割

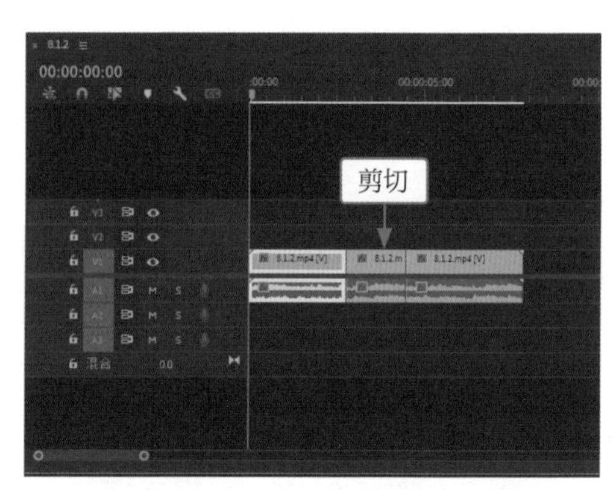

图 8-11 自动剪切视频片段

05　此时，“项目”面板中会自动生成一个素材箱，用于存放剪辑后的视频片段，如图 8-12 所示。

06　双击该素材箱，打开相应面板，即可查看 3 个视频片段的缩略图，如图 8-13 所示。

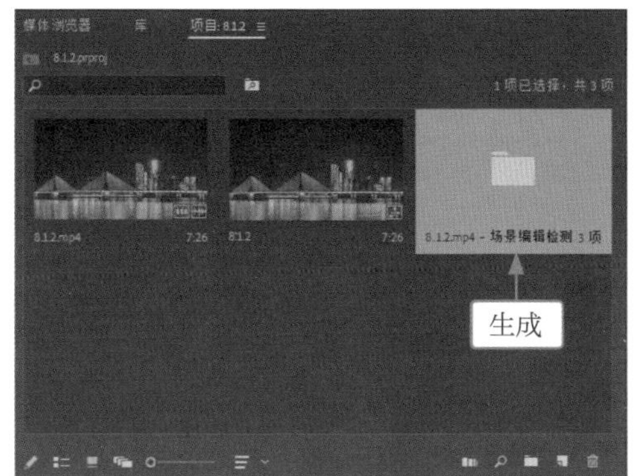

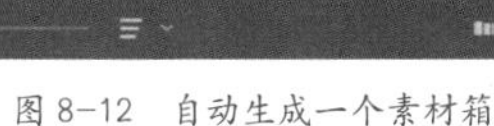

图 8-12　自动生成一个素材箱

图 8-13　查看视频片段的缩略图

专家提醒

在“项目”面板中，单击下方的“项目可写”按钮，可以将项目更改为只读模式，项目变成不可编辑的锁定状态，同时按钮颜色会由绿色变为红色；单击“列表视图”按钮，可以将素材以列表形式显示；单击“图标视图”按钮，可以将素材以图标形式显示；单击“自由变换视图”按钮，可以将素材以自由变换形式显示。

8.1.3　重新合成，生成新片段

【效果展示】：当 Premiere Pro 2023 按照检测到的视频场景进行自动分割后，用户可以重新调整这些素材的位置，然后将这些素材重新合成为一个视频片段，方便后续的编辑与处理，效果如图 8-14 所示。

扫码看视频

图 8-14　合成视频效果展示

下面介绍在 Premiere 中将剪辑片段重新合成为新片段的具体操作方法。

01 单击“文件”|“打开项目”命令，打开一个项目文件，在“项目”面板中选择素材箱，如图 8-15 所示。

02 双击鼠标左键，打开素材箱，选择第 1 个素材片段，如图 8-16 所示。

图 8-15　选择素材箱

图 8-16　选择第 1 个素材片段

03 按住鼠标左键并将选好的素材片段拖曳至“时间轴”面板，如图 8-17 所示，即可应用剪辑后的素材。

04 用同样的操作方法，将“子剪辑 4”素材拖曳至“时间轴”面板的第 1 段素材后面，如图 8-18 所示。

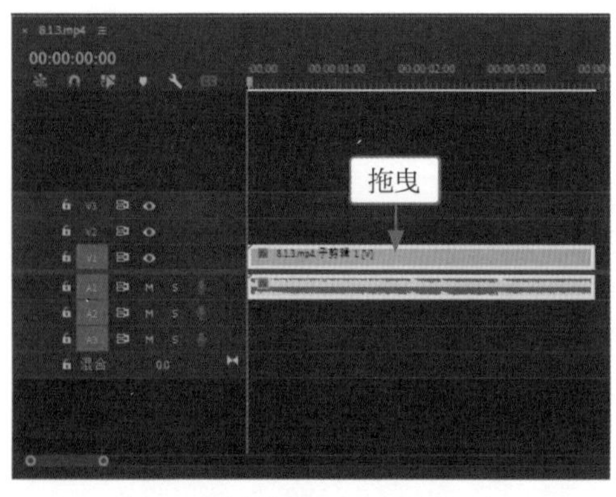

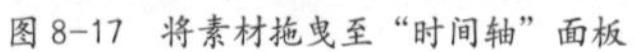
图 8-17　将素材拖曳至“时间轴”面板

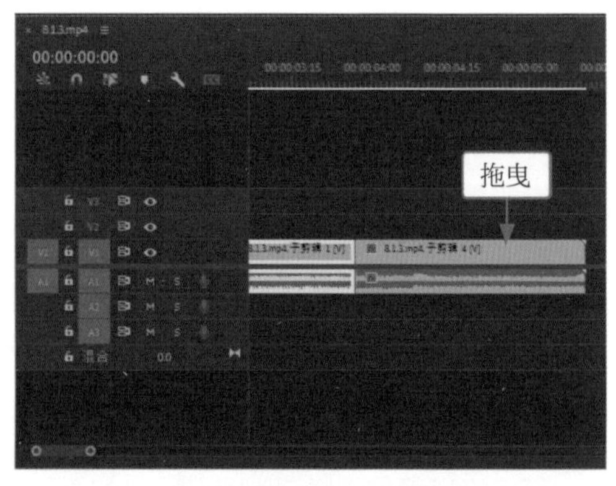

图 8-18　继续拖曳素材至“时间轴”面板

05 同时选择两个子剪辑片段，单击鼠标右键，在弹出的快捷菜单中选择“嵌套”选项，如图 8-19 所示。

06 在弹出的“嵌套序列名称”对话框中，单击“确定”按钮，即可嵌套序列，将视频轨道中的素材重新合成为一个片段，如图 8-20 所示。

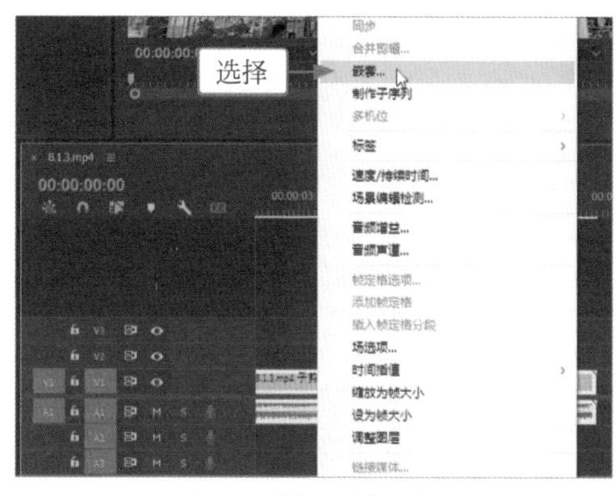

图 8-19　选择“嵌套”选项

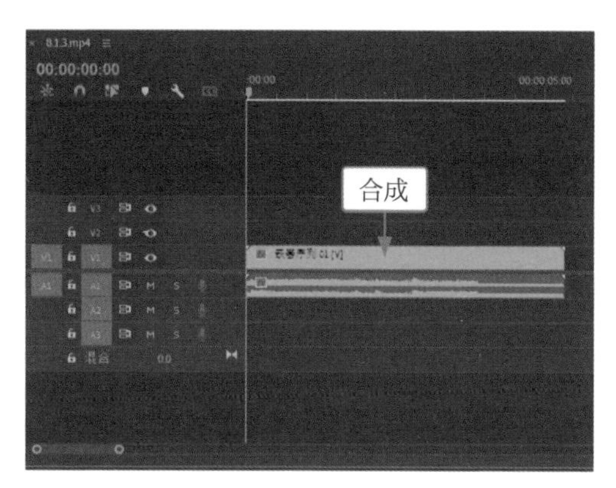

图 8-20　重新合成为一个片段

8.2　AI 功能，智能编辑

Premiere Pro 2023 提供了许多智能化的功能，如自动调色功能、通过语音识别自动生成字幕等，可以帮助用户更快地完成视频素材的编辑，从而得到理想的视频画面。

8.2.1　自动调色，调节画面色彩

【效果展示】：使用 Premiere Pro 2023 中的自动调色功能，新手也可以一键完成视频的基础调色，还能在自动调色的基础上进一步调整参数，从而提高视频画面的美感，吸引观众的眼球。视频调色前后的效果对比，如图 8-21 所示。

扫码看视频

图 8-21　视频调色效果对比

下面介绍在 Premiere 中运用自动调色功能调节画面色彩的具体操作方法。

01 单击“文件”|“打开项目”命令，打开一个项目文件，在视频轨道中选择需要自动调色的视频素材，如图 8-22 所示。

02 在 Premiere 工作界面的右侧单击“Lumetri 颜色”标签，展开“Lumetri 颜色”面板，在“基本校正”选项区中单击“自动”按钮，面板中的各项调色参数会自动发生变化，即可完成视频的初步调色，如图 8-23 所示。

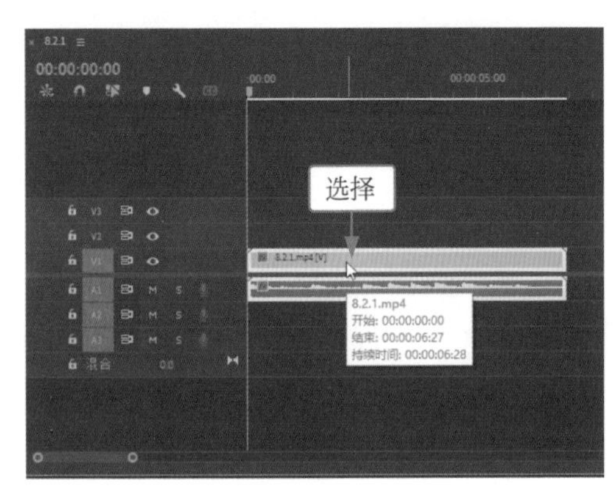

图 8-22 选择视频素材

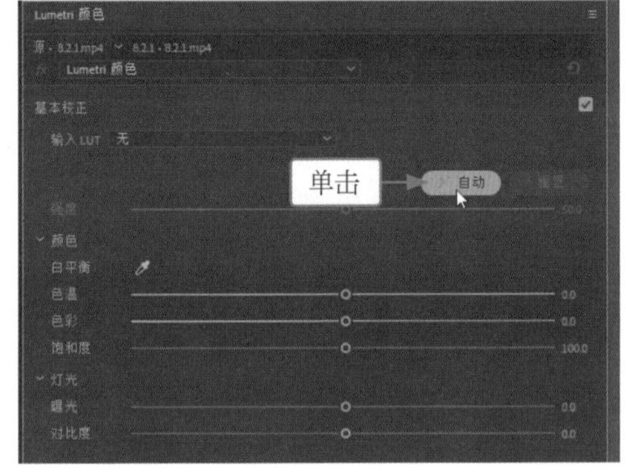

图 8-23 自动调色

03 如果用户对画面色彩有自己的想法，还可以在自动调色的基础上手动进行调整，如在“基本校正”选项区中设置“色温”参数为 15.0、“色彩”参数为 13.0、“饱和度”参数为 120.0，如图 8-24 所示，使画面偏洋红色，画面色彩更加浓郁。

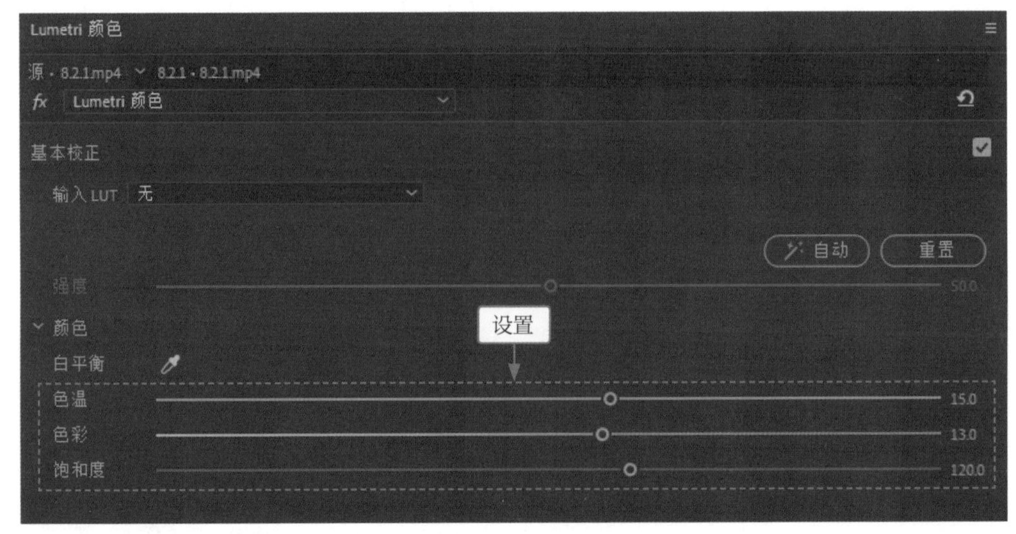

图 8-24 设置参数

8.2.2 语音识别，自动生成字幕

【效果展示】：Premiere Pro 2023 可以根据视频中的语音内容自动生成字幕文件，这样既节省了输入文字的时间，也提高了视频后期处理的效率，效果如图 8-25 所示。

扫码看视频

图 8-25 视频字幕效果展示

下面介绍在 Premiere 中通过语音识别自动生成字幕的具体操作方法。

01 单击“文件”|“打开项目”命令，打开一个项目文件，将视频素材拖曳至“时间轴”面板，如图 8-26 所示。

02 在界面的左上方展开“文本”面板，在“字幕”选项卡中单击“转录序列”按钮，如图 8-27 所示。

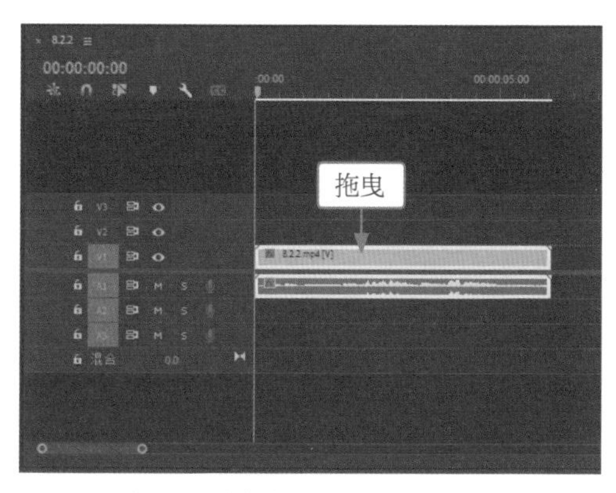

图 8-26 将素材拖曳至“时间轴”面板

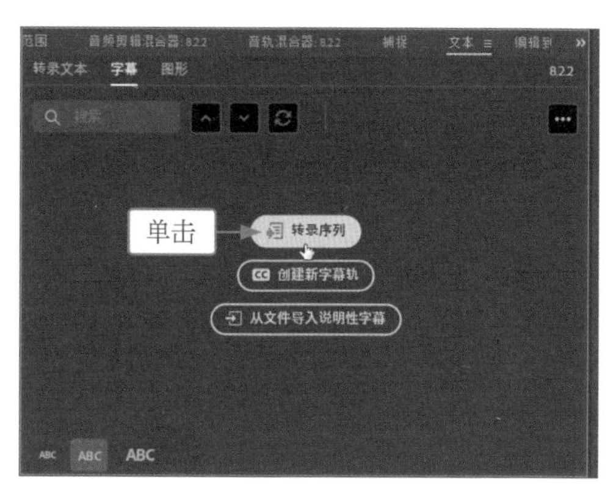

图 8-27 单击“转录序列”按钮

03 弹出“创建转录文本”对话框，在其中设置“语言”为“简体中文”，单击“转录”按钮，即可自动识别并生成相应的转录文本，如图 8-28 所示。

04 在“转录文本”选项卡中，用户可以查看生成的文本内容，如果有需要修改的地方，可以在此进行修改，也可以在生成字幕后进行修改。这里以在生成字幕后进行修改为例，介绍具体的操作方法，在“转录文本”选项卡中单击“创建说明性字幕”按钮CC，如图 8-29 所示。

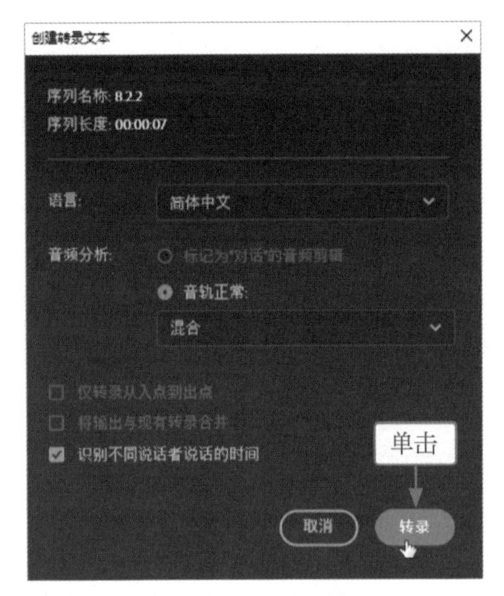

图 8-28　识别并生成转录文本

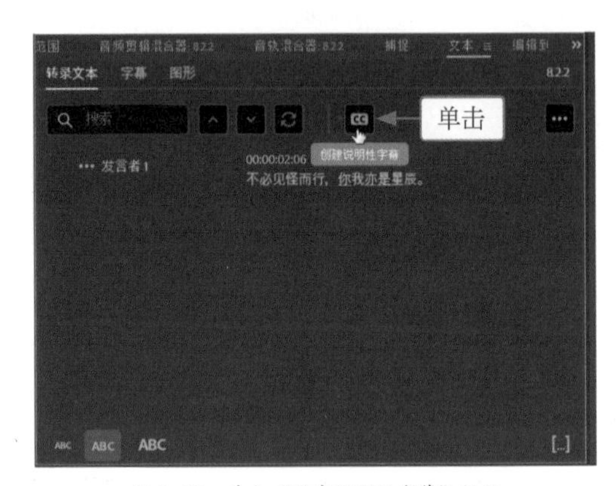

图 8-29　单击“创建说明性字幕”按钮

05 在弹出的“创建字幕”对话框中，设置“行数”为“单行”，单击“创建”按钮，如图 8-30 所示。

06 稍等片刻，即可在“时间轴”面板中生成对应的字幕，在“字幕”选项卡中可查看生成的字幕效果，用户此时可以对字幕进行编辑处理。例如，要将字幕拆分为两段，需要先选择字幕，单击右上角的 ··· 按钮，在弹出的列表框中选择“拆分字幕”选项，如图 8-31 所示。

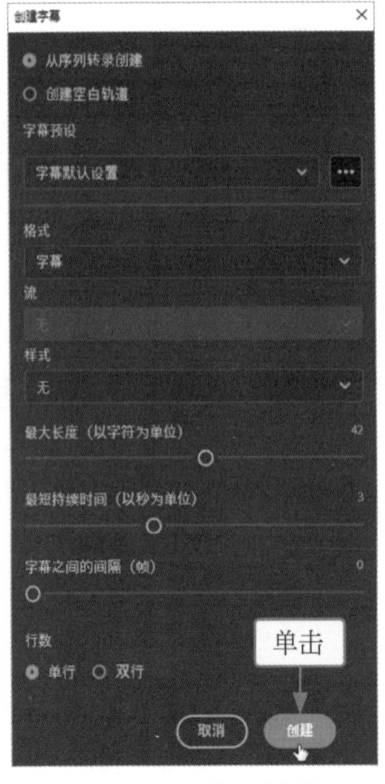

图 8-30　设置并创建字幕

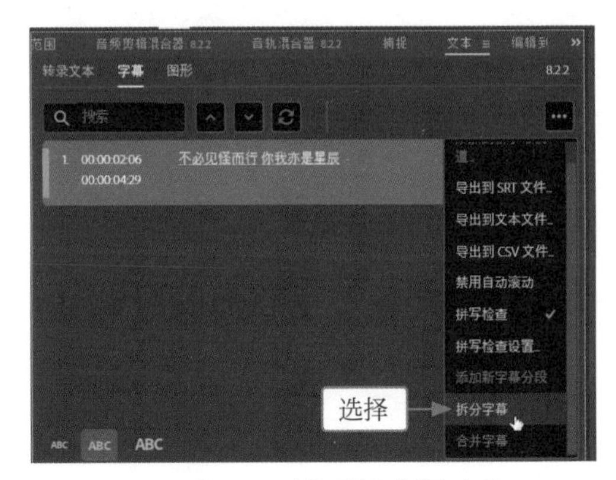

图 8-31　选择“拆分字幕”选项

07　执行操作后，即可将字幕拆分为两段，但字幕内容保持不变，用户需要分别双击两段字幕，对内容进行修改，如图 8-32 所示。

08　同时选中两段字幕，在“基本图形”面板中切换至“编辑”选项卡，更改文字字体，设置“字体大小”参数为 90，调整文字的样式，即可完成字幕的添加，如图 8-33 所示。

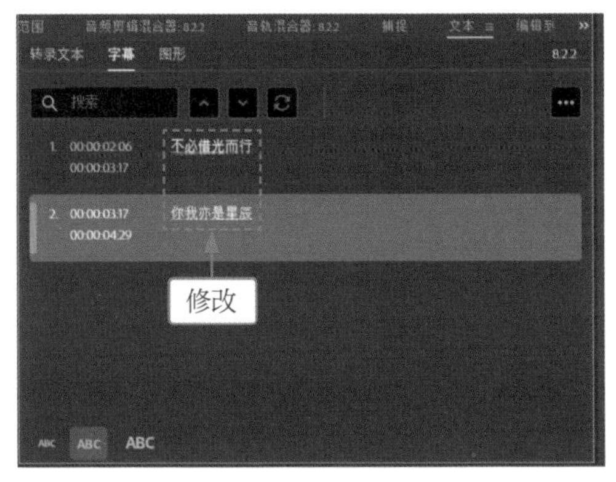

图 8-32　修改字幕内容

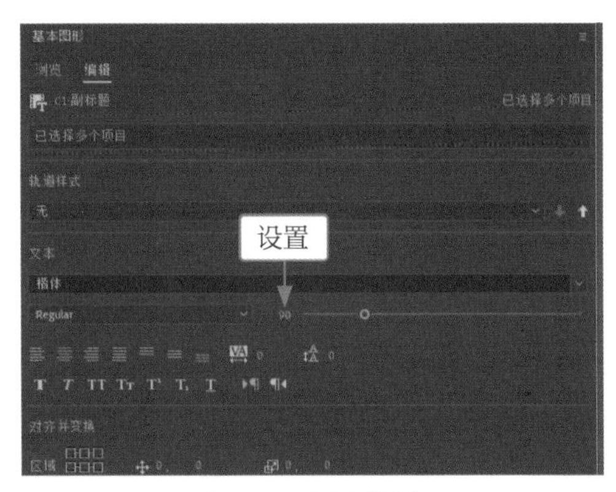

图 8-33　设置字幕参数

本章小结

本章主要为读者介绍使用 Premiere Pro 2023 的智能化功能进行视频处理的相关基础知识，包括使用“场景编辑检测”功能进行自动剪辑、生成素材箱、重新合成片段的操作方法，使用自动调色功能调节画面色彩，以及通过语音识别自动生成字幕的操作方法。通过本章的学习，读者能够更好地掌握 Premiere 中重要的智能化功能的使用技巧。

课后习题

为了使读者更好地掌握本章所学知识，下面将通过课后习题帮助读者进行简单的知识回顾和补充。

1. 使用 Premiere 的“场景编辑检测”功能，快速剪辑一段多场景的视频素材。
2. 使用 Premiere 的自动调色功能，快速对一段短视频进行调色处理。

第 9 章
剪映电脑版：AI 视频的基础剪辑技巧

用户在使用素材生成视频之前，可能需要对素材进行简单的处理；当用户得到 AI 生成的视频之后，可能还需要进行一些优化处理，让画面效果更美观。因此，对于用户而言，掌握素材的基本处理和优化技巧是很有必要的，剪映电脑版的功能全面、操作简单，非常适合用户学习和使用。

9.1　基本处理，得心应手

剪映电脑版（即剪映专业版）拥有丰富的素材资源和简易的操作体系，能帮助用户轻松完成视频的基本处理。本节主要介绍剪映电脑版的一些基础操作。

9.1.1　一键裁剪，调整素材时长

【效果展示】：在剪映电脑版中导入素材之后就可以进行基本的剪辑操作了，当导入的素材时长太长时，用户可以通过一键裁剪功能对素材进行分割和删除操作，从而调整素材的时长，效果如图 9-1 所示。

扫码看视频

图 9-1　视频效果展示

下面介绍在剪映电脑版中通过一键裁剪调整素材时长的具体操作方法。

01　在“本地”选项卡中导入素材，单击视频素材右下角的“添加到轨道”按钮，如图 9-2 所示，即可将素材添加到视频轨道中。

02　在时间线面板中，拖曳时间轴至 6s 的位置，单击“向右裁剪”按钮，即可完成素材时长的调整，如图 9-3 所示。

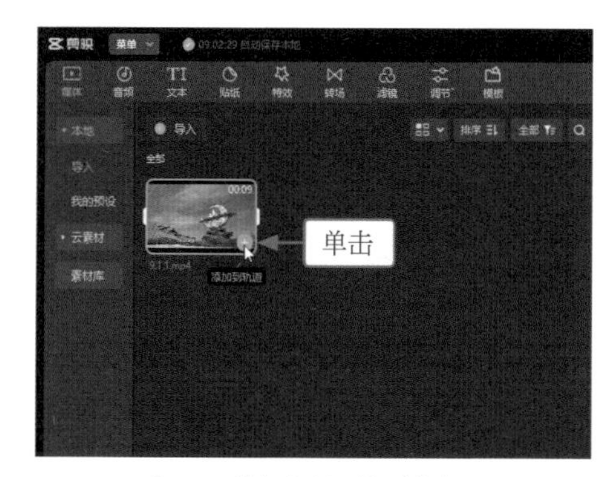

图 9-2　单击“添加到轨道”按钮

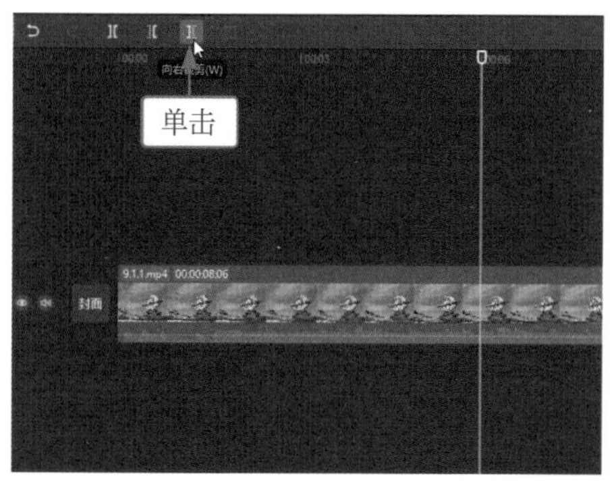

图 9-3　单击“向右裁剪”按钮

9.1.2 添加音乐，搜索合适歌曲

【效果展示】：剪映拥有非常丰富的背景音乐曲库，用户可以根据自己的视频内容来搜索并添加合适的背景音乐，视频效果如图 9-4 所示。

图 9-4 视频效果展示

下面介绍在剪映电脑版中搜索并添加背景音乐的具体操作方法。

01 将视频素材添加到视频轨道中，切换至“音频”功能区，在“音乐素材”选项卡的搜索框中输入要搜索的歌曲名称，如图 9-5 所示，按 Enter 键即可搜索相应音乐。

02 稍等片刻，会显示满足搜索条件的歌曲，单击所选音乐右下角的“添加到轨道”按钮，如图 9-6 所示。

图 9-5 输入歌曲名称

图 9-6 单击“添加到轨道”按钮

专家提醒

如果用户是第一次使用某音乐，需要先单击该音乐右下角的下载按钮进行下载，下载完成后，下载按钮会变成“添加到轨道”按钮，并自动播放音乐效果。

03 执行操作后，将音乐添加到音频轨道，拖曳时间轴至视频结束位置，在时间线面板的左上方单击“向右裁剪”按钮▮，即可分割并删除多余的背景音乐，如图 9-7 所示。

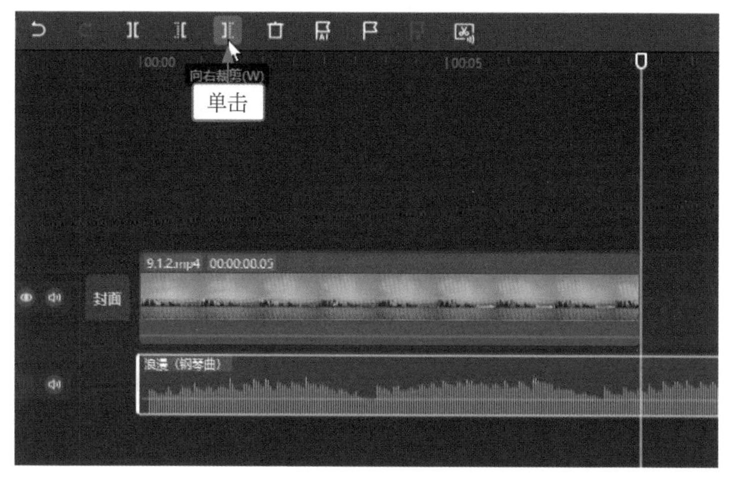

图 9-7　分割并删除多余的背景音乐

9.1.3　蒙太奇变速，调整速度快慢

扫码看视频

【效果展示】：在剪映中，“曲线变速”功能提供了 7 种变速效果，用户可以自由选择和调整变速效果，让视频根据自己的需求时快时慢，效果如图 9-8 所示。

图 9-8　视频效果展示

下面介绍在剪映电脑版中为视频添加蒙太奇变速效果的具体操作方法。

01 将素材添加到视频轨道中，在视频上单击鼠标右键，在弹出的快捷菜单中选择“分离音频”选项，如图 9-9 所示，即可将视频中的背景音乐分离出来。

02 切换至“变速”操作区，在“曲线变速”选项卡中选择“蒙太奇”选项，如图 9-10 所示，为视频添加蒙太奇变速效果，并调整背景音乐的时长，即可完成视频变速操作。

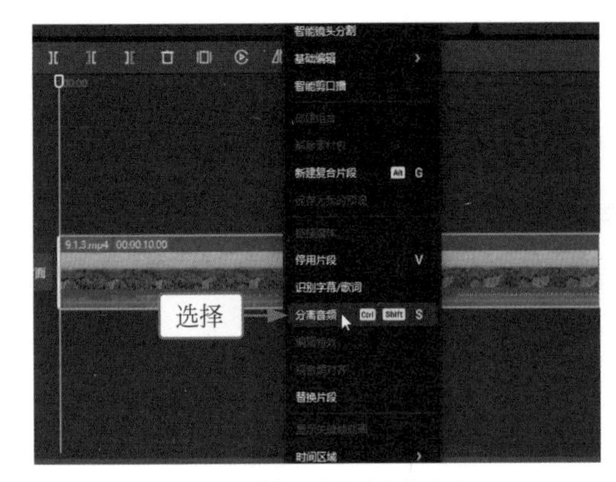

图 9-9 选择“分离音频”选项

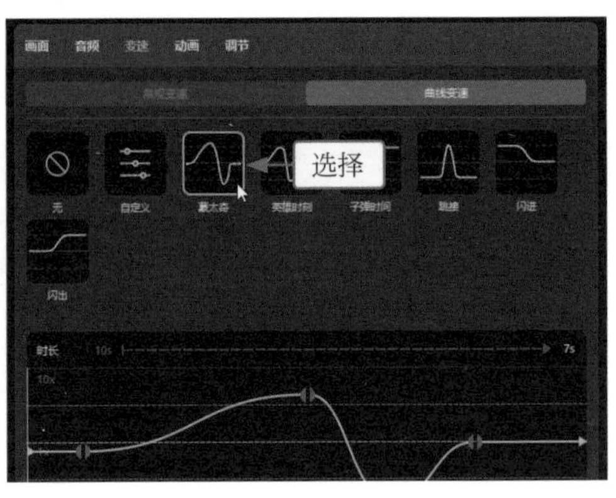

图 9-10 选择“蒙太奇”选项

9.1.4 添加调节，调出冷蓝色调

【效果展示】：有些视频的画面色彩比较暗淡，此时用户可以为视频添加调节效果，通过设置调节参数来优化画面色彩，调色前后视频效果对比如图 9-11 所示。

扫码看视频

图 9-11 调色前后视频效果对比

下面介绍在剪映电脑版中为素材添加调节效果的具体操作方法。

01 将素材添加到视频轨道中，切换至“调节”功能区，在“调节”选项卡中单击“自定义调节”选项右下角的“添加到轨道”按钮，如图 9-12 所示，即可为视频添加调节效果。

02 在“调节”操作区中拖曳滑块，设置“色温”参数为 -20，如图 9-13 所示，让画面偏冷色调。

03 用上述同样的方法，设置“饱和度”参数为 20、“亮度”参数为 3、“对比度”参数为 9、“阴影”参数为 -10、“光感”参数为 -10、“锐化”参数为 15，如图 9-14 所示，提高画面的色彩饱和度、整体亮度、明暗对比度和清晰度，并降低画面的光线亮度，使画面中的蓝色更浓郁，最后调整效果的时长，即可完成视频的调色。

图 9-12　单击"添加到轨道"按钮

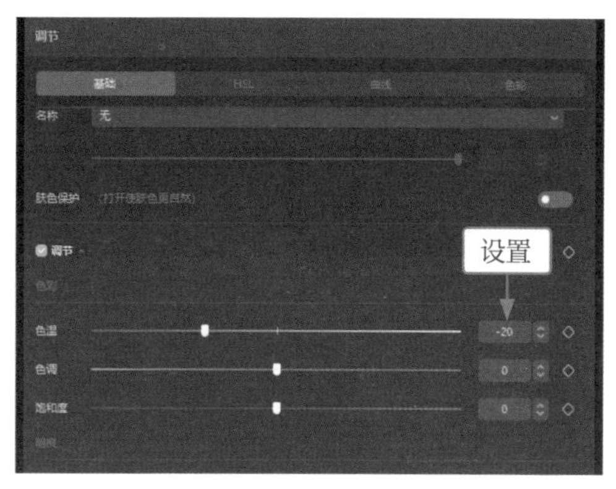

图 9-13　设置"色温"参数

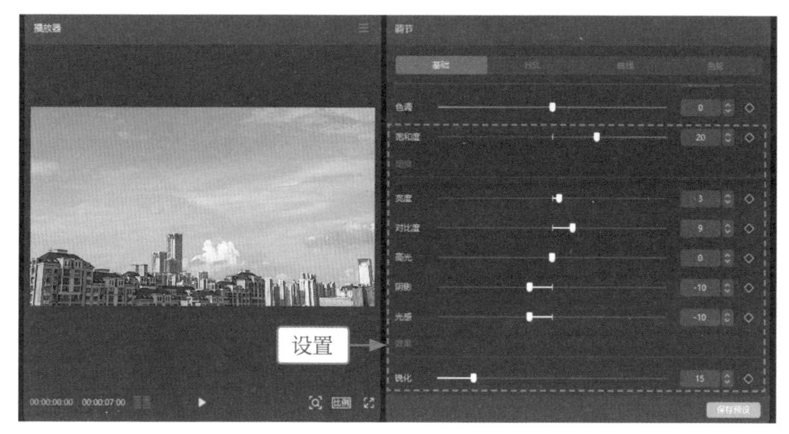

图 9-14　设置参数

9.1.5　识别字幕，快速生成字幕

扫码看视频

【效果展示】：剪映的"识别字幕"功能准确率非常高，能够帮助用户识别视频中的背景声音并快速生成字幕，效果如图 9-15 所示。

图 9-15　视频字幕效果展示

下面介绍在剪映电脑版中运用“识别字幕”功能快速生成字幕的具体操作方法。

01 在“本地”选项卡中导入视频素材，单击其右下角的“添加到轨道”按钮，如图 9-16 所示，即可将视频素材添加到视频轨道中。

02 在“文本”功能区中，切换至“智能字幕”选项卡，单击“识别字幕”中的“开始识别”按钮，如图 9-17 所示。

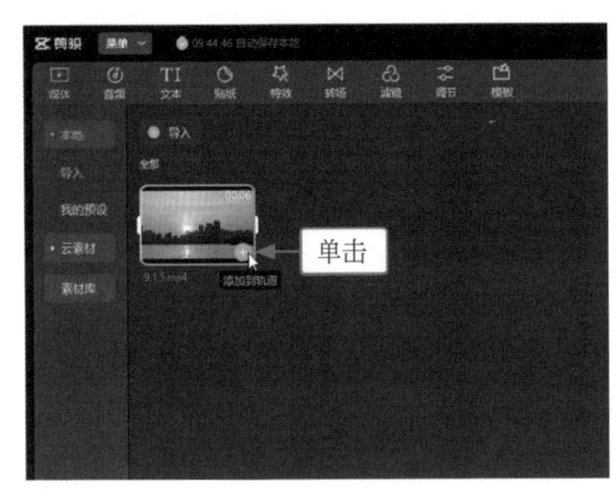

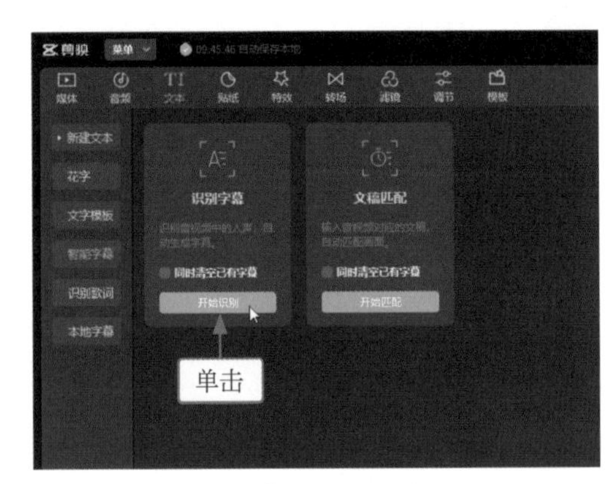

图 9-16 单击“添加到轨道”按钮

图 9-17 单击“开始识别”按钮

03 稍等片刻，即可根据视频中的语音内容生成相应的文本，选择第 1 段文字，在“文本”操作区的“基础”选项卡中，设置一个合适的字体，并设置“字号”参数为 8，如图 9-18 所示。

04 在“预设样式”选项区中选择一个合适的样式，如图 9-19 所示，设置的样式效果会同步添加到第 2 段文本上，即可完成字幕的识别和调整。

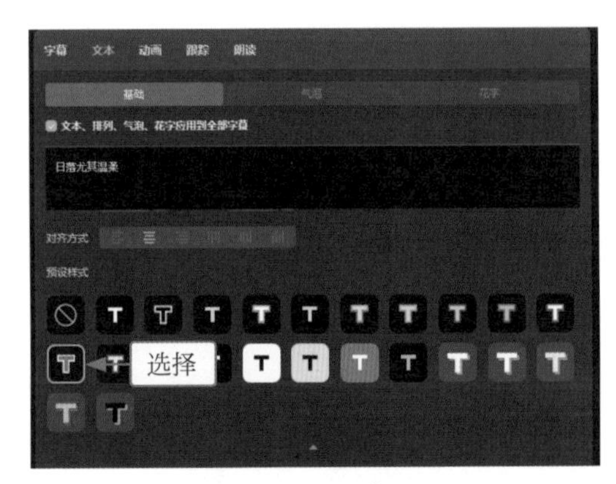

图 9-18 设置字幕字体

图 9-19 设置字幕样式

9.2　特效制作，酷炫十足

剪映电脑版拥有丰富的特效资源，用户可以通过添加特效来优化视频效果。另外，用户运用剪映丰富的功能也可以轻松完成特效的制作，从而让视频效果更加精彩。

9.2.1　添加特效，模拟视频录制

扫码看视频

【效果展示】：在剪映中可以为视频添加特效，如添加“录制边框 Ⅱ”特效，可以模拟视频录制画面，从而增加视频的个性和趣味性，效果如图 9-20 所示。

图 9-20　视频特效效果展示

下面介绍在剪映电脑版中为视频添加特效的具体操作方法。

01　将素材添加到视频轨道中，切换至“特效”功能区，展开“画面特效”｜“边框”选项卡，单击“录制边框 Ⅱ”特效右下角的“添加到轨道”按钮，如图 9-21 所示，即可为视频添加一个边框特效。

02　拖曳特效右侧的白色拉杆，将其时长调整为与视频时长一致，如图 9-22 所示，即可使特效覆盖整个视频。

图 9-21　单击“添加到轨道”按钮

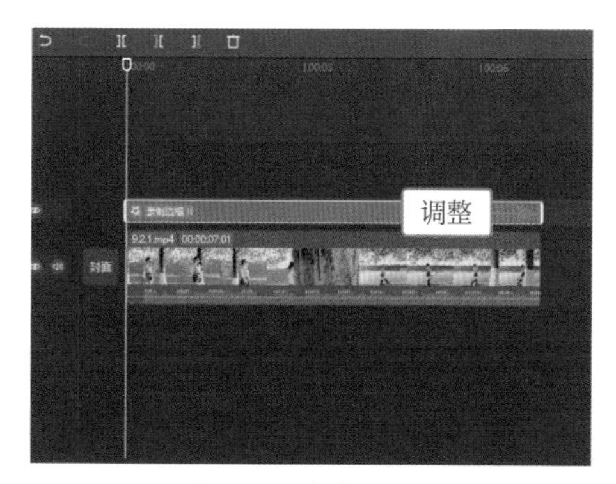

图 9-22　调整特效的时长

9.2.2 移动水印，添加关键帧

扫码看视频

【效果展示】：静止不动的水印容易被马赛克涂抹掉，或者被挡住，因此为视频添加移动水印才是最保险的，效果展示如图 9-23 所示。

图 9-23 水印效果展示

下面介绍在剪映电脑版中添加关键帧制作移动水印的具体操作方法。

01 将视频素材添加到视频轨道中，并添加一个默认文本，调整文本时长，使其与视频时长一致，如图 9-24 所示。

02 在“文本”操作区中，输入水印内容，设置一个合适的字体，并设置“字号”参数为 8，如图 9-25 所示，将文字缩小。

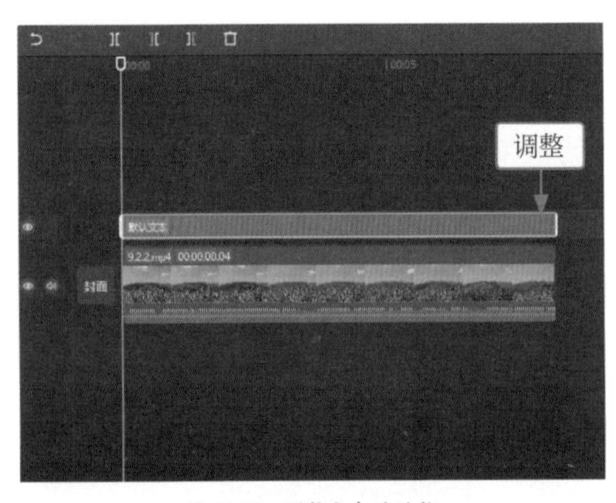

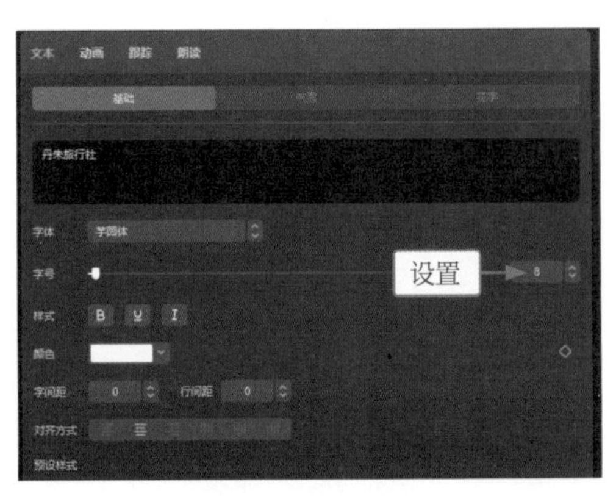

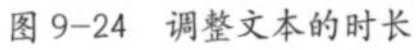
图 9-24 调整文本的时长

图 9-25 设置水印字体

03 在“文本”操作区的“混合”选项区中设置文字的“不透明度”参数为 60%，在“位置大小”选项区中设置“位置”中的 X 参数为 -1378、Y 参数为 -855，调整文字的位置，单击“位置”选项右侧的“添加关键帧”按钮◆，添加第 1 个关键帧，如图 9-26 所示。

04 拖曳时间轴至 3s 的位置，设置相应的“位置”参数，“位置”选项右侧的关键帧按钮◆会自动点亮，如图 9-27 所示，添加第 2 个关键帧，即可制作出第 1 段水印移动效果。

图 9-26　添加关键帧

图 9-27　自动点亮关键帧按钮

05　用上述同样的方法，分别在 6s 和视频的结束位置设置相应的“位置”参数，如图 9-28 所示，调整水印文字的位置，即可完成移动水印效果的制作。

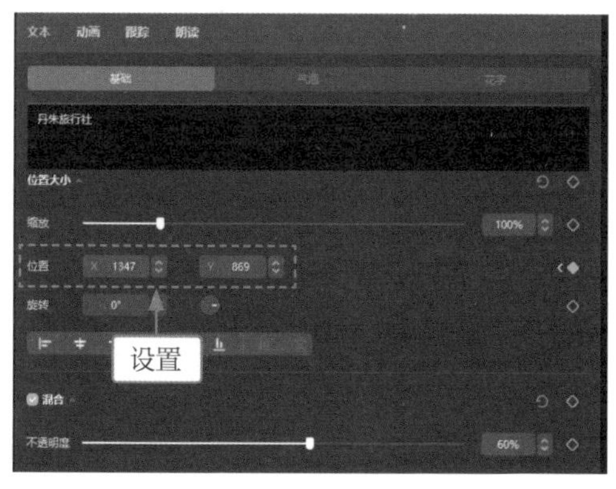

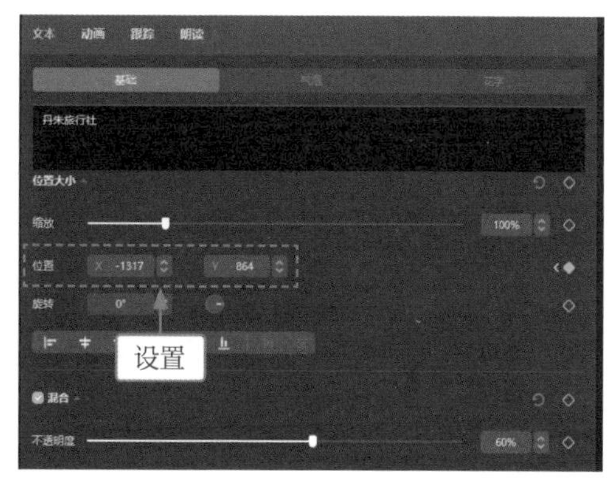

图 9-28　调整水印文字的位置

9.2.3 调色对比，制作滑屏效果

扫码看视频

【效果展示】：在剪映中运用“线性”蒙版可以制作调色滑屏对比视频，将调色前和调色后的两个视频合成在一个视频场景中，随着蒙版的移动，调色前的视频画面逐渐消失，调色后的视频画面逐渐显现，效果如图 9-29 所示。

图 9-29 视频调色效果展示

下面介绍在剪映电脑版中制作调色对比滑屏效果的具体操作方法。

01 将两段素材添加到“本地”选项卡，将第 2 段素材添加到视频轨道，将第 1 段素材添加到画中画轨道，选择第 1 段素材，在“画面”操作区的“蒙版”选项卡中，选择“线性”蒙版，设置“位置”中的 X 参数为 -960、Y 参数为 0，并设置“旋转”参数为 90°，调整蒙版的位置和旋转角度，使其位于画面最左侧的位置，单击“位置”右侧的“添加关键帧”按钮◇，如图 9-30 所示，添加第 1 个关键帧。

图 9-30 设置蒙版并添加关键帧

02 拖曳时间轴至视频的结束位置，设置“位置”中的 X 参数为 960，如图 9-31 所示，调整蒙版的位置，“位置”选项右侧的关键帧按钮会自动点亮，即可添加第 2 个关键帧，制作出滑屏的效果，方便用户预览调色的前后对比。

图 9-31　设置蒙版和关键帧

本章小结

本章主要为读者介绍了剪映电脑版的 5 个基础功能和 3 种特效制作，包括通过一键裁剪调整素材时长、搜索并添加合适的背景音乐、为视频添加蒙太奇变速效果、为视频添加调节效果、运用“识别字幕”功能快速生成字幕、为视频添加特效、添加关键帧制作移动水印和制作调色对比滑屏效果的操作方法。通过对本章的学习，读者能够更好地掌握视频素材的基本处理与优化的方法。

课后习题

为了使读者更好地掌握本章所学知识，下面将通过课后习题帮助读者进行简单的知识回顾和补充。

1. 运用“特效”功能，为视频添加“开幕”特效。

2. 运用“调节”功能，为一段夕阳视频调色。

AI 视频应用篇

第10章
AI化身：制作虚拟形象

必剪App是哔哩哔哩网站发布的一款视频编辑App，拥有全能的剪辑能力和海量素材，并推出了许多特色功能。例如，用户运用“虚拟形象”功能可以自创一个AI化身，用来制作趣味视频或进行直播。本章主要介绍制作虚拟形象音乐短片的操作方法。

10.1 AI 化身，效果欣赏

【效果展示】：作为一款不少 UP 主 (uploader，意为上传者) 都在使用的手机端剪辑软件，必剪 App 能够创建属于用户的专属虚拟形象，实现零成本制作虚拟 UP 主。本实例主要运用必剪 App 的“虚拟形象”功能制作一个特色音乐短片，效果如图 10-1 所示。

图 10-1　效果展示

10.2　虚拟形象，操作讲解

本节介绍制作虚拟形象音乐短片的全流程，包括设置虚拟形象的头部效果和身体效果、替换背景素材、添加歌曲并生成字幕，以及添加动态效果的操作方法。

10.2.1　头部效果，个性化设置

必剪 App 的“虚拟形象”功能支持用户自定义人物的头部效果，包括头发、眼睛、脸型、嘴巴、眉毛、妆容、脸饰和头饰等样式。下面介绍在必剪 App 中对虚拟形象的头部效果进行个性化设置的具体操作方法。

扫码看视频

01　打开必剪 App，在“创作”界面的右上方点击“虚拟形象”按钮，如图 10-2 所示。

02　进入相应界面，点击右上角的“创建”按钮，如图 10-3 所示。

03　执行操作后，弹出相应面板，点击“创建”按钮，创建一个新的虚拟形象，如图 10-4 所示。

图 10-2　点击“虚拟形象”按钮

图 10-3　点击“创建”按钮

图 10-4　创建虚拟形象

04　进入“创建虚拟形象”界面，在“选择你的形象类型”选项区中选择合适的虚拟形象，点击“下一步”按钮，如图 10-5 所示。

05 进入形象设置界面，用户可以在“套妆”选项卡中直接选择搭配成套的形象模板，也可以进行个性化设置，切换至“头发”|“长发”选项卡，选择一个发型，并设置合适的头发颜色，如图10-6所示。

06 切换至“眼睛”选项卡，选择一个合适的眼睛样式，如图10-7所示。

图10-5　选择虚拟形象

图10-6　选择并设置头发

图10-7　选择眼睛样式

07 切换至“脸型”选项卡，选择脸型样式，如图10-8所示。用户还可以对人物头部的肤色进行设置。

08 切换至“嘴巴”选项卡，选择一个精致的嘴巴样式，如图10-9所示。

图10-8　选择脸型样式

图10-9　选择嘴巴样式

09 切换至“眉毛”选项卡，选择好看的眉毛样式，如图 10-10 所示。

10 切换至“妆容”选项卡，选择妆容样式，如图 10-11 所示。

11 切换至“头饰”选项卡，选择一个古风头饰，如图 10-12 所示。至此，虚拟形象头部效果的设置完成。

图 10-10 选择眉毛样式

图 10-11 选择妆容样式

图 10-12 选择古风头饰

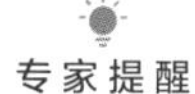

专家提醒

用户在设置虚拟形象时，要考虑好自己需要一个什么风格的形象，再根据风格来进行头部和身体效果的设置，这样制作出的成品视频才能更美观、和谐。

10.2.2 身体效果，精心挑选样式

扫码看视频

虚拟形象的身体效果包括服装、项链、挂饰和手饰等样式。下面介绍在必剪 App 中对虚拟形象的身体效果进行设置的具体操作方法。

01 点击“身体”按钮，如图 10-13 所示，切换至相应面板，即可显示虚拟形象的全身形象。

02 用户可以在“套装”选项卡中根据风格选择成套的服装，也可以在“上衣”“下装”和“连体”选项卡中选择单件服装进行搭配。例如，切换至“连体”选项卡，选择服装样式，如图 10-14 所示。

03 选好服装后，用户还可以为虚拟形象设置各种饰品，让整体效果更美观，切换至“项链”选项卡，选择一条华丽的项链，如图 10-15 所示。

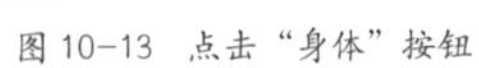
图 10-13 点击“身体”按钮

图 10-14 选择服装样式

图 10-15 选择一条项链

04 切换至“后挂饰”选项卡，选择一条披帛，如图 10-16 所示。

05 切换至“手饰”选项卡，选择合适的手饰样式，如图 10-17 所示，至此，虚拟形象身体效果的设置完成。

图 10-16 选择披帛样式

图 10-17 选择手饰样式

10.2.3　导入剪辑，替换背景素材

完成虚拟形象的设置后，用户可以将虚拟形象导入剪辑，开始制作视频。下面介绍在必剪 App 中将虚拟形象导入剪辑并替换背景素材的具体操作方法。

扫码看视频

01　点击界面右上角的“保存”按钮，将设置的虚拟形象保存，并返回相应界面，点击“自由创作”按钮，如图 10-18 所示。

02　执行操作后，即可将虚拟形象导入画中画轨道，如图 10-19 所示，在视频轨道中自动添加一段背景素材。

03　选择背景素材，在下方的工具栏中点击“替换”按钮，如图 10-20 所示。

图 10-18　点击“自由创作”按钮

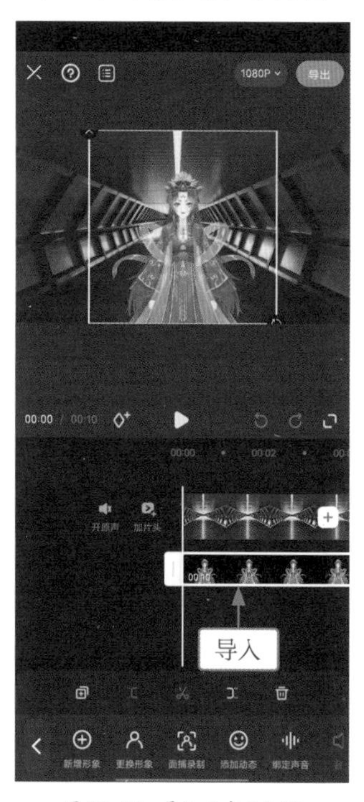

图 10-19　导入画中画轨道

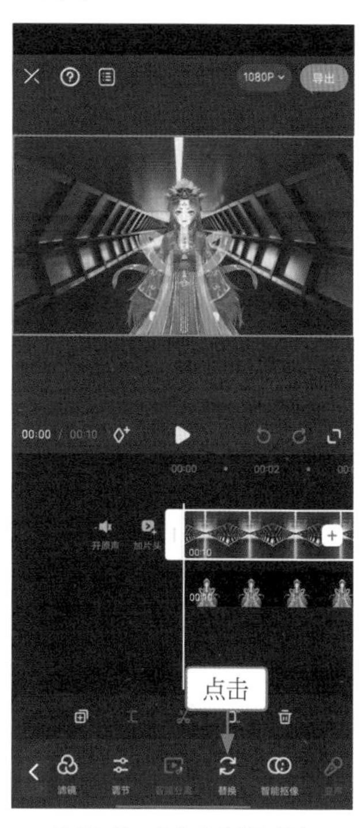

图 10-20　点击“替换”按钮

04　执行操作后，进入“本次项目”界面，用户可以选择本地素材、素材库中的素材和录屏素材进行替换，如切换至“素材库”界面，选择“背景”选项，如图 10-21 所示。

05　进入“背景”界面，切换至“古风”选项卡，选择合适的背景素材，如图 10-22 所示。

06　预览背景素材，点击“完成”按钮，即可完成背景的更改，如图 10-23 所示。

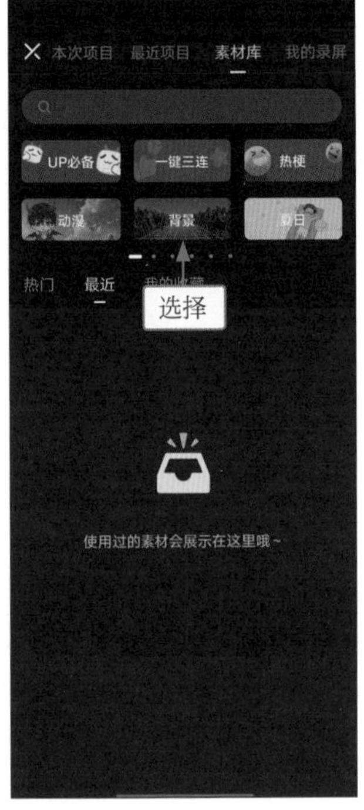

图 10-21 选择“背景”选项

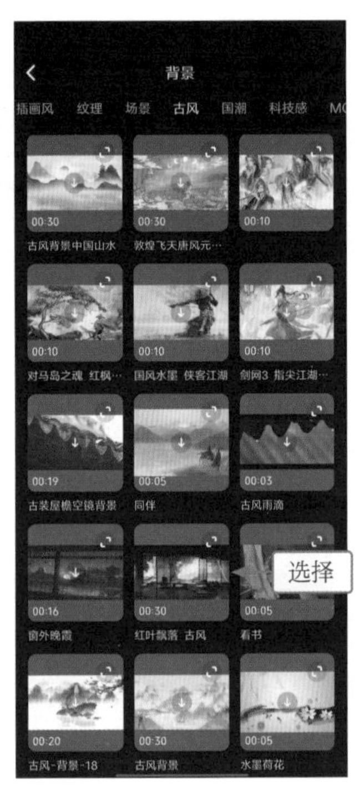

图 10-22 选择背景素材

图 10-23 完成背景更改

10.2.4 添加歌曲，自动生成字幕

必剪 App 海量的音乐资源可以满足用户的基本需求，为视频添加合适的背景音乐。用户还可以运用“识别字幕”功能生成字幕，并设置字幕的样式。下面介绍在必剪 App 中添加歌曲并自动生成字幕的具体操作方法。

扫码看视频

01 选择虚拟形象素材，在工具栏中点击“绑定声音”按钮，如图 10-24 所示。

02 进入工具栏，点击“音乐库”按钮，如图 10-25 所示。

03 在“音乐库”界面中，选择“国风”选项，如图 10-26 所示。

04 执行操作后，进入“国风”界面，选择音乐进行试听，拖曳时间轴，选取合适的音频起始位置，点击所选音乐右侧的“使用”按钮，即可为虚拟形象素材添加背景音乐，如图 10-27 所示。

05 拖曳虚拟形象素材右侧的白色拉杆，将其时长调整为 00:15，将背景素材的时长调整为与虚拟形象素材的时长一致，如图 10-28 所示。

06 拖曳时间轴至视频起始位置，在工具栏中点击“文字”按钮，如图 10-29 所示。

图 10-24　点击“绑定声音”按钮

图 10-25　点击“音乐库”按钮

图 10-26　选择“国风”选项

图 10-27　添加并调整背景音乐

图 10-28　调整素材时长

图 10-29　点击“文字”按钮

07 进入文字工具栏，点击“识别字幕”按钮，如图 10-30 所示。

08 在弹出的“自动识别字幕”面板中，点击“开始识别”按钮，如图 10-31 所示。

09 执行操作后，即可开始识别字幕，并显示字幕识别进度，如图 10-32 所示。

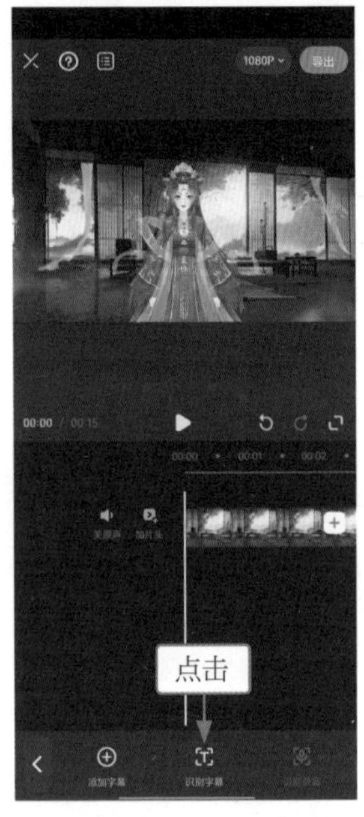

图 10-30 点击“识别字幕”按钮

图 10-31 点击“开始识别”按钮

图 10-32 识别字幕并显示进度

10 稍等片刻，即可生成对应的字幕，选择第 1 段字幕，在工具栏中点击“批量编辑”按钮，如图 10-33 所示。

11 进入字幕编辑界面，修改和调整字幕的内容和段落，如图 10-34 所示。

图 10-33 点击“批量编辑”按钮

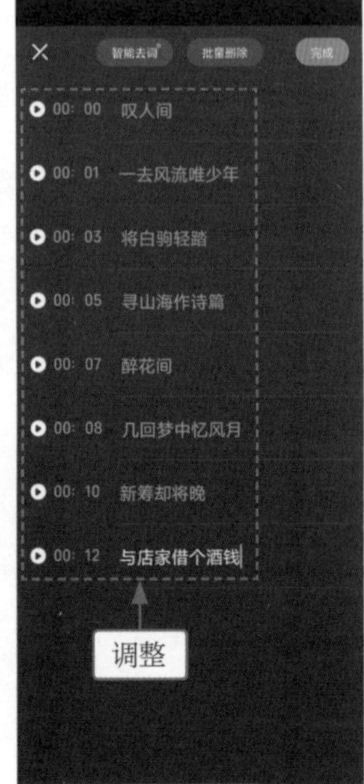

图 10-34 修改和调整字幕

12 点击“完成”按钮，确认字幕的修改，根据歌曲内容调整各段字幕的时长，如图 10-35 所示。

13 选择第 1 段字幕，在工具栏中点击“编辑”按钮，如图 10-36 所示。

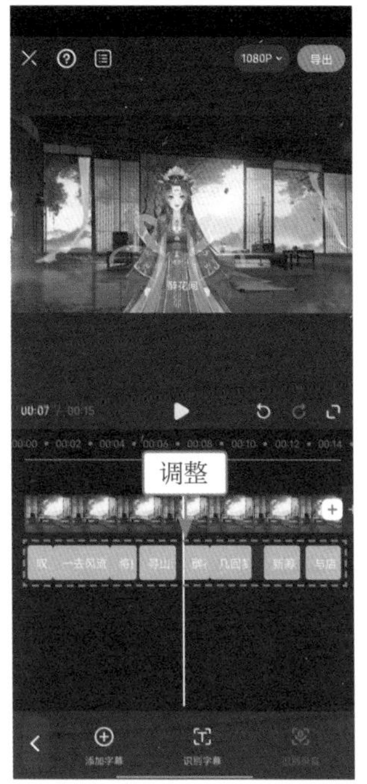

图 10-35　调整字幕时长

图 10-36　编辑字幕

14 在“模板”｜“古风”选项卡中，选择一个合适的文字模板，如图 10-37 所示。

15 切换至“样式”选项卡，设置“字号”参数为 12，如图 10-38 所示，即可完成所有字幕的样式设置。

图 10-37　选择文字模板

图 10-38　设置“字号”参数

10.2.5 动态效果，让形象动起来

添加完音乐和字幕后，用户会发现虚拟形象只有嘴和眼睛会有小幅度的动作，整体的动作和表情还是僵硬的。因此，用户需要为虚拟形象设置表情和身体的动态效果，这样才能让视频显得不那么枯燥乏味。下面介绍在必剪 App 中设置动态效果让虚拟形象动起来的具体操作方法。

扫码看视频

01 拖曳时间轴至视频起始位置，选择虚拟形象素材，在工具栏中点击“添加动态”按钮，如图 10-39 所示。

02 弹出相应面板，切换至“身体”选项卡，选择“摇摆”动态效果，如图 10-40 所示，让虚拟形象左右摇摆运动。

03 用同样的方法，在适当位置再为虚拟形象添加“身体”选项卡中的“挥手”和“摊手”动态效果，如图 10-41 所示。

图 10-39 点击“添加动态”按钮

图 10-40 选择“摇摆”动态效果

图 10-41 添加其他动态效果

专家提醒

用户可以为虚拟形象添加组合、表情和身体这 3 种动态效果，由于组合动态效果同时包含了表情和身体动态效果，因此无法与单独的表情或身体动态效果叠加，而单独的表情和身体动态效果可以叠加使用。

04 拖曳时间轴至视频起始位置，切换至“表情”选项卡，选择“快乐”表情效果，如图 10-42 所示，为虚拟形象添加一个动态表情。

05 用同样的方法，在适当位置再为虚拟形象添加“表情”选项卡中的“害羞”和 Wink(眨一只眼) 表情效果，如图 10-43 所示。

06 点击☑按钮，完成动态效果的添加，在预览区域调整虚拟形象的大小，点击界面右上角的“导出”按钮，将视频导出，如图 10-44 所示。

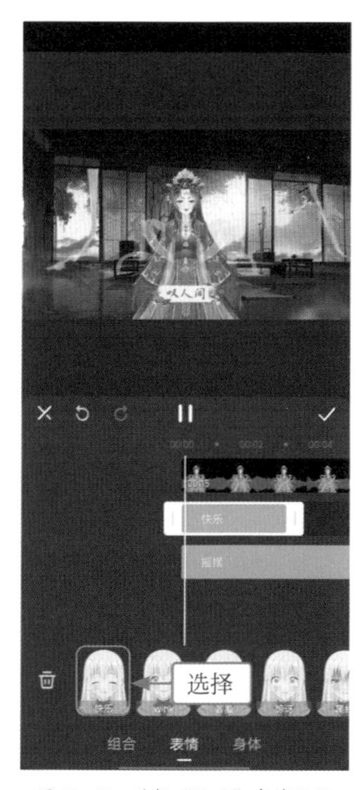

图 10-42　选择“快乐”表情效果

图 10-43　添加其他表情效果

图 10-44　调整虚拟形象并导出

第 11 章

AI 口播：数字人出镜

在做口播视频时，用户常常会产生一些疑问：如何又快又好地写出口播文案？怎样完成文本配音？如何避免真人出镜？其实，借助 AI 文案创作工具和数字人就能解决这些问题，从而快速制作出由 AI 配音的数字人口播视频。

11.1　AI 口播，效果欣赏

【效果展示】：本案例先运用 ChatGPT 生成口播文案，再运用腾讯智影生成数字人素材，最后运用剪映电脑版合成视频作品，效果如图 11-1 所示。

图 11-1　效果展示

11.2 生成素材，做好准备

用户在制作口播类短视频时，首先要准备一段精彩的口播文案，其次要准备数字人播报素材，而运用 ChatGPT 和腾讯智影就能轻松完成这些准备工作。

11.2.1 生成文案，适当进行修改

用户借助 ChatGPT 生成视频文案后，除了直接使用文案，还可以将文案复制到文档中，根据需求对文案进行修改，从而使文案与准备的素材更匹配。下面介绍运用 ChatGPT 生成视频文案的具体操作方法。

扫码看视频

01 在 ChatGPT 中输入“你了解长沙吗”，确认 ChatGPT 对长沙的了解程度。ChatGPT 生成的回复，如图 11-2 所示。

你了解长沙吗

是的，我对长沙有一定的了解。长沙是中国湖南省的省会，位于湖南中部地区。它是湖南省的政治、经济、文化和交通中心。长沙是一座历史悠久的城市，拥有丰富的文化遗产和自然景观。

长沙的历史可以追溯到公元前3世纪的楚国时期，是楚文化的发源地之一。在长沙市内，你可以找到许多与楚文化相关的古迹和文物，如岳麓书院、楚王陵等。此外，长沙还有许多历史建筑和风景名胜，如岳麓山、橘子洲头、芙蓉塔等，吸引了大量的游客。

长沙是一个快速发展的现代化城市，拥有繁荣的经济。它是湖南省的经济中心，涵盖了多个行业，包括制造业、电子信息、汽车、钢铁等。长沙还是湖南省的科技创新中心，吸引了许多高科技企业和研究机构。

长沙的交通便利，有多个铁路和公路主干线路经过。长沙黄花国际机场是湖南省最大的机场，连接着国内外的多个城市。此外，长沙还拥有发达的地铁系统，方便市民和游客的出行。

长沙的美食文化也很有特色，代表性的菜肴包括湖南菜和湖南小吃，如辣椒炒肉、剁椒鱼头、臭豆腐等，口味独特而辛辣，深受许多人的喜爱。

总体而言，长沙是一座历史悠久、文化丰富、经济发达的城市，拥有丰富的旅游资源和发展机会。

图 11-2　ChatGPT 生成的回复

02 在 ChatGPT 中输入“以长沙特色为主题，创作一篇短视频文案”，ChatGPT 即可生成对应的文案内容，如图 11-3 所示。用户可以将文案复制并粘贴到文档中，进行修改和整理，方便后续生成数字人素材和字幕。

以长沙特色为主题，创作一篇短视频文案

[音乐起]

[画面：美丽的岳麓山]

旅行，不仅是风景的呼唤，更是心灵的触动。

[画面：湘江畔，橘子洲头的毛主席像]

在长沙，这座古老而现代的城市，与历史相拥，与未来相约。

[画面：餐桌上的剁椒鱼头、口味虾和麻辣烫]

味蕾，仿佛探索的指南针，引领你进入长沙的美食天堂。

[画面：夜晚的长沙市中心，灯火辉煌]

夜幕降临，长沙绽放着璀璨的光芒，展现着现代化的城市魅力。

[画面：欢乐的夜市，人群热闹]

街头巷尾，夜市喧嚣，各色小吃和特色商品，让你流连忘返。

[画面：湘江边的摩天轮，炫彩灯光闪耀]

湘江之畔，摩天轮旋转，河畔的风景与浪漫相融合。

[画面：人们尽情嬉戏的湘湖]

湘湖波光粼粼，人们嬉戏畅快，释放心中的压力。

[画面：现代科技园区，高楼大厦耸立]

科技创新，长沙的未来之舞，高楼大厦矗立，展现城市的蓬勃发展。

[画面：湖南大剧院的建筑壮丽]

文化艺术，长沙的灵魂，湖南大剧院见证着舞台的辉煌与情感的流淌。

[画面：航拍长沙城市全景，美不胜收]

长沙，古老与现代的完美交融，山水人文的画卷，由你来书写。

[画面：橘子洲头，美丽的长沙夜景]

在这里，感受长沙的热情，探索长沙的秘密，让心灵与长沙的特色交织在一起。

[音乐渐弱]

[画面：长沙的LOGO和标语："长沙，心之所向"]

图 11-3　ChatGPT 生成的文案

11.2.2　生成素材，制作绿幕素材

扫码看视频

运用腾讯智影的海量数字人资源，用户可以轻松生成数字人口播素材。在

生成素材时，用户可以对数字人的形象、配音、位置、大小、展现方式和视频背景进行设置。例如，用户可以将视频背景设置为绿色，制作绿幕素材，方便后续在剪映电脑版中进行抠图处理。下面介绍运用腾讯智影生成数字人绿幕素材的具体操作方法。

01 在腾讯智影的“创作空间”页面，单击“数字人播报”按钮，如图 11-4 所示。

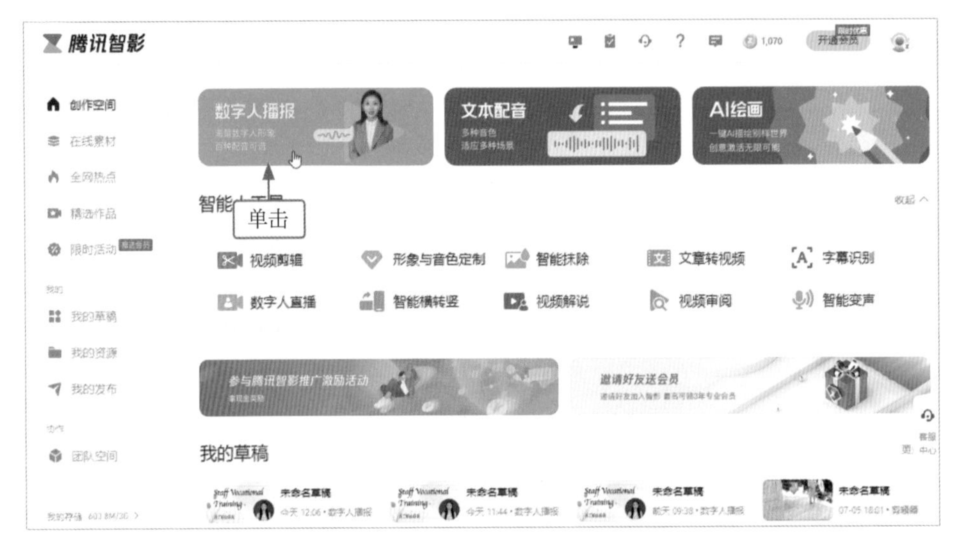

图 11-4　单击“数字人播报”按钮

02 进入“数字人播报”页面，在“2D 数字人”选项区中单击“查看更多”按钮，如图 11-5 所示。

图 11-5　单击“查看更多”按钮

03　在弹出的“选择数字人”面板中，选择数字人形象，单击“确定”按钮，如图 11-6 所示。

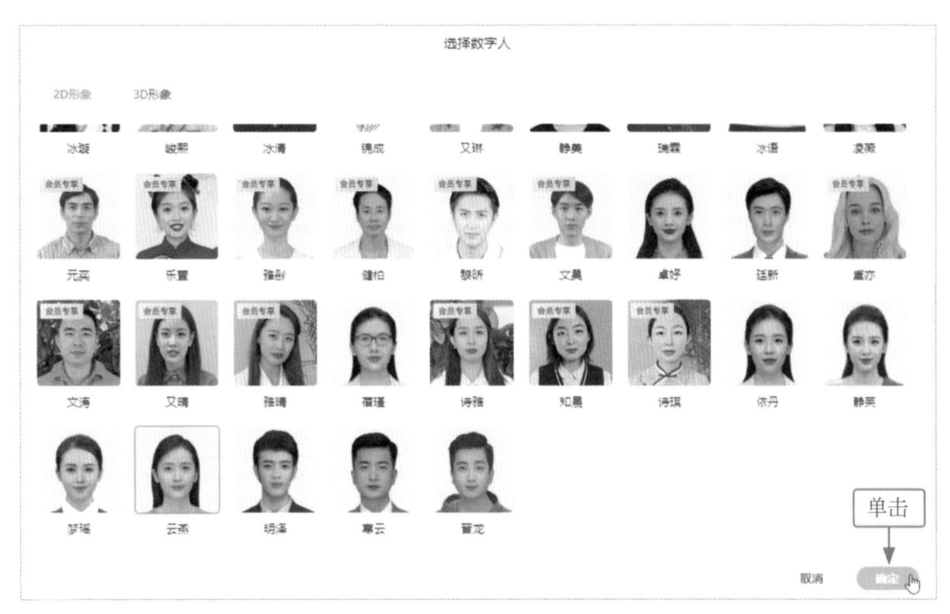

图 11-6　选择数字人形象

04　执行操作后，进入视频编辑页面，单击“配音”选项卡中的文本框，弹出“数字人文本配音”面板，粘贴口播文案，如图 11-7 所示。

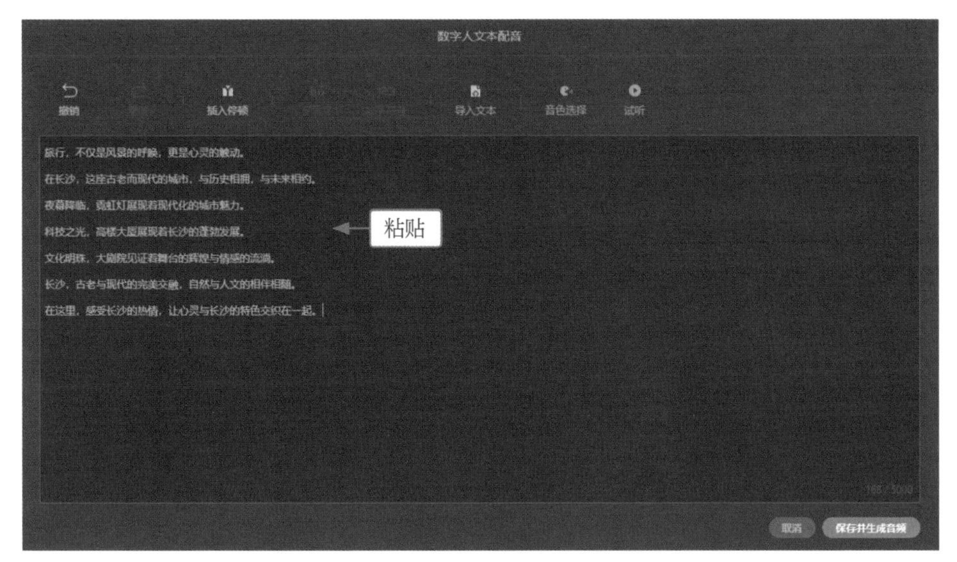

图 11-7　粘贴口播文案

05 在“数字人文本配音”面板中，单击“音色选择”按钮，弹出“数字人音色”面板，选择适合的音色，单击“确定”按钮，即可更改数字人的音色，如图 11-8 所示。

图 11-8 更改数字人的音色

06 返回“数字人文本配音”面板，单击“保存并生成音频”按钮，即可生成对应的音频内容，如图 11-9 所示。

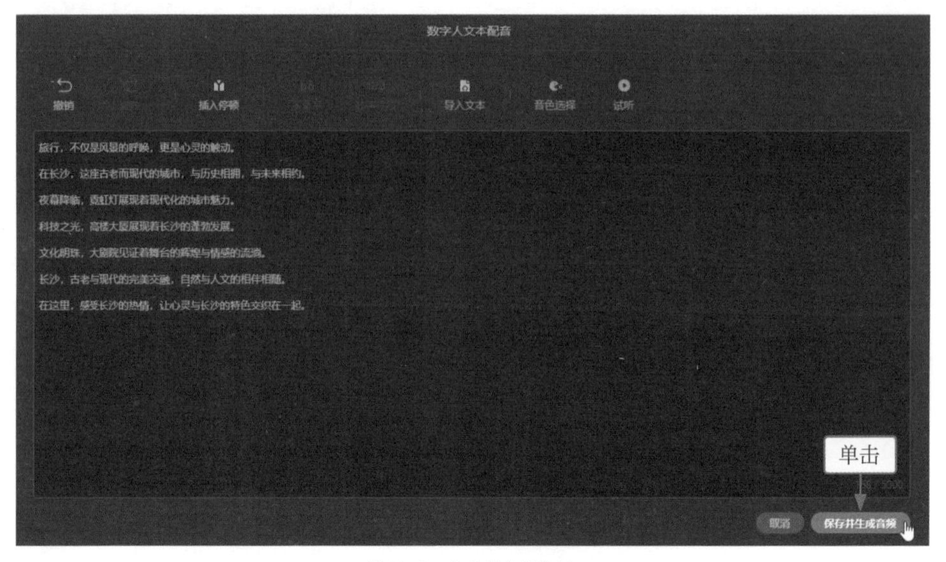

图 11-9 保存并生成音频

07 切换至“形象及动作”选项卡，设置“服装”为“T 恤 2”，更改数字人的服装样式，如图 11-10 所示。

08 切换至“画面”｜“展示方式”选项卡，选择圆形展示方式，并设置“背景填充”为“图片”，更改数字人的展示方式，如图 11-11 所示。

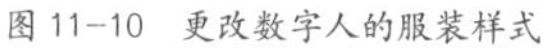
图 11-10　更改数字人的服装样式

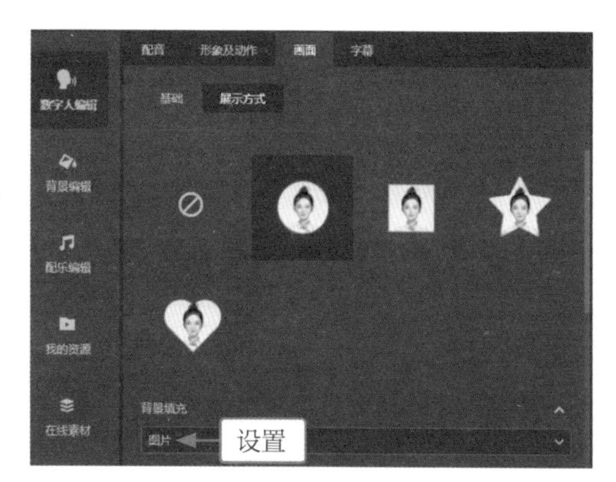

图 11-11　更改数字人的展示方式

09 在“图片库”选项区中选择一张白色图片，即可更改数字人的展示背景，如图 11-12 所示。

10 在预览窗口，调整数字人的位置和大小，如图 11-13 所示。

图 11-12　选择背景图片

图 11-13　调整数字人的位置和大小

11 切换至“背景编辑”选项卡，在“图片”选项卡中选择一张绿色图片，更改数字人素材的整体背景，制作绿幕素材，如图 11-14 所示。

12 在页面右上角，单击“合成”按钮，如图 11-15 所示。

13 在弹出的“合成设置”对话框中，修改素材的名称，单击“合成”按钮，如图 11-16 所示。

14 弹出“功能消耗提示”对话框，单击“确定”按钮，如图 11-17 所示。

图 11-14　制作绿幕素材

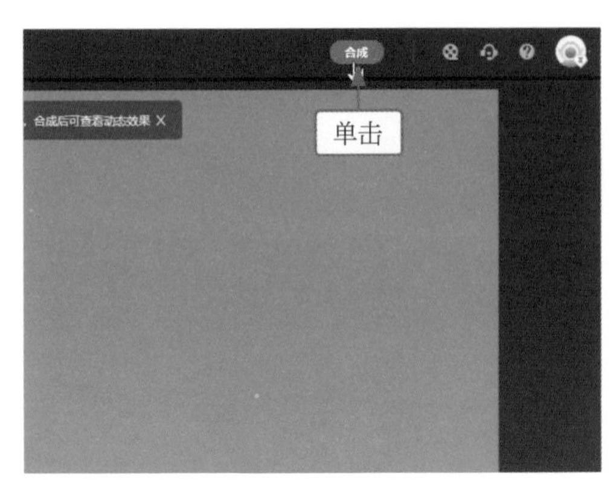

图 11-15　单击“合成”按钮

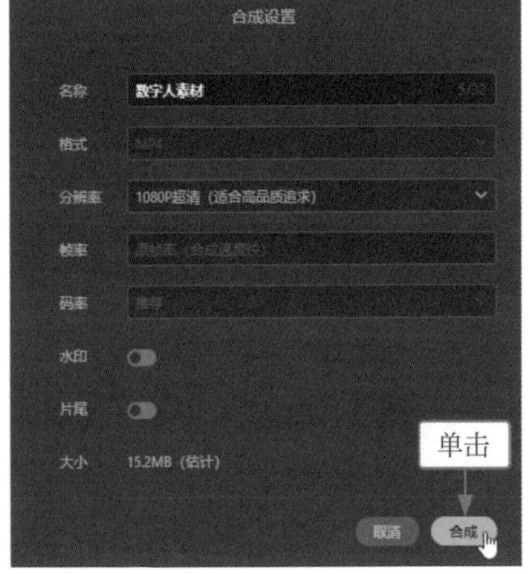

图 11-16　修改素材名称

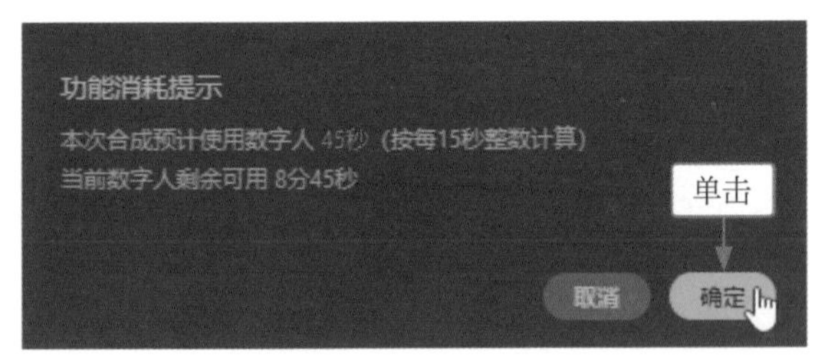

图 11-17　确定功能消耗

15 执行操作后，返回“数字人播报”页面，在“数字人作品”选项卡中查看素材的生成进度，如图 11-18 所示。生成完成后，单击“下载视频”按钮，将数字人素材下载到本地文件夹中。

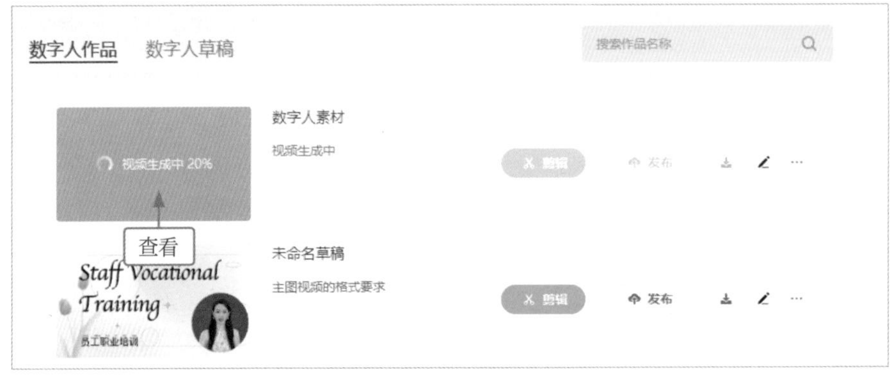

图 11-18　查看素材的生成进度

11.3　合成视频，优化效果

在剪映电脑版中，用户可以运用“色度抠图”功能抠除数字人素材中的绿色背景，将数字人单独抠出来，再为其添加背景素材、字幕、滤镜、背景音乐等元素，即可合成一个美观、实用的数字人口播视频。

11.3.1　文稿匹配，添加视频字幕

“文稿匹配”功能是运用 AI 快速完成字幕的匹配，从而轻松为视频添加字幕。另外，用户还可以为字幕设置样式，提高字幕的美感。下面介绍在剪映电脑版中运用“文稿匹配”功能添加视频字幕的具体操作方法。

扫码看视频

01　将背景素材和数字人素材导入“媒体”功能区中，将背景素材按顺序添加到视频轨道，如图 11-19 所示。

02　在视频轨道的起始位置，单击“关闭原声”按钮，将所有背景素材静音，如图 11-20 所示。

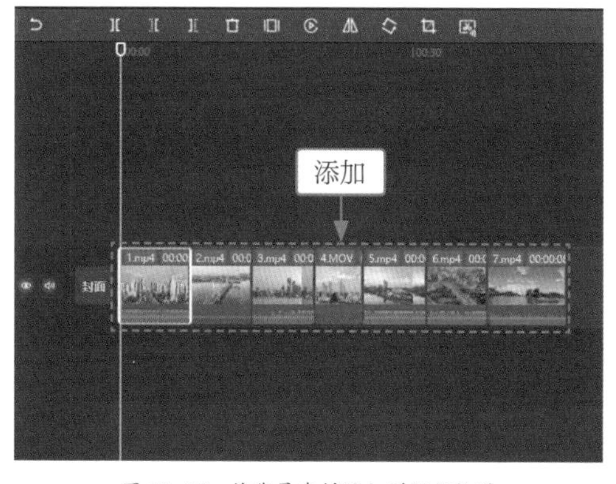

图 11-19　将背景素材添加到视频轨道

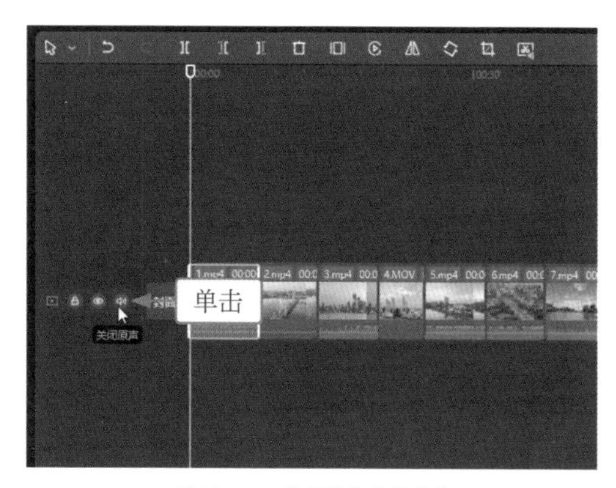

图 11-20　关闭背景素材原声

03　拖曳时间轴至 00:00:02:20 的位置，将数字人素材添加到画中画轨道，如图 11-21 所示。

04　切换至“文本”功能区，展开“智能字幕”选项卡，单击“文稿匹配”中的“开始匹配”按钮，如图 11-22 所示。

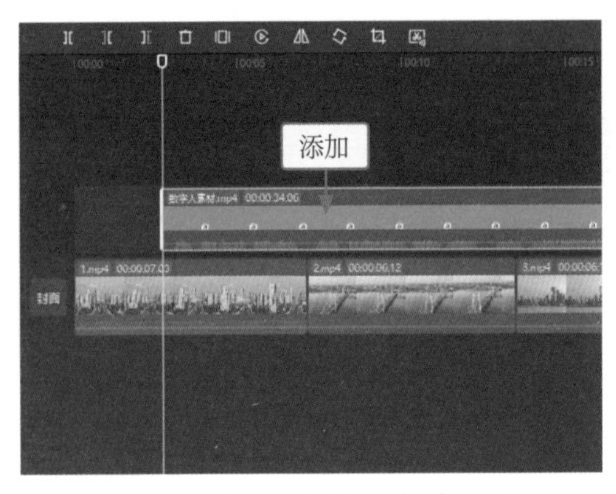

图 11-21 将数字人素材添加到画中画轨道

图 11-22 单击“开始匹配”按钮

05 在弹出的“输入文稿”面板中粘贴口播文案，单击“开始匹配”按钮，即可生成对应的字幕，如图 11-23 所示。

06 选择第 1 段文本，在“文本”操作区中设置文字的字体，并设置“字号”参数为 7，如图 11-24 所示。

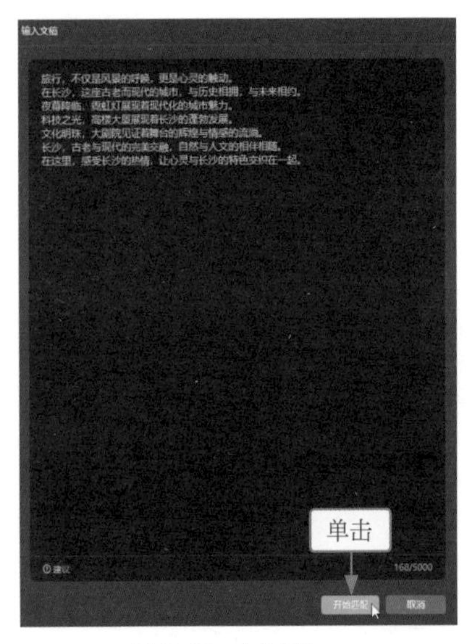

图 11-23 生成字幕

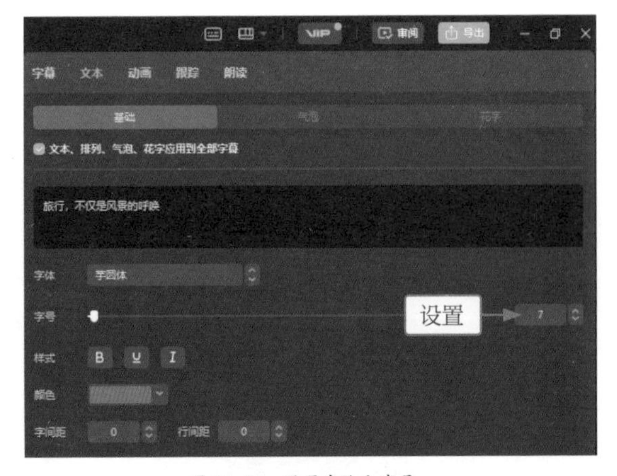

图 11-24 设置字体和字号

07 在“预设样式”选项区中选择一个好看的预设样式，设置的字体和预设样式会自动同步到剩下的文本上，如图 11-25 所示。

专家提醒

运用“文稿匹配”功能生成的字幕，为任意一段文本设置字体、预设样式、花字等效果，都会自动同步到其他字幕上，但动画效果不会同步。

08 在“播放器”面板中，调整文本的位置和大小，如图 11-26 所示。

图 11-25　选择预设样式

图 11-26　调整文本

09　全选文本，切换至“动画”操作区，在“入场”选项卡中选择“渐显”动画，即可为所有文本添加入场动画，如图 11-27 所示。

10　切换至“出场”选项卡，选择“渐隐”动画，即可为所有文本添加出场动画，如图 11-28 所示。

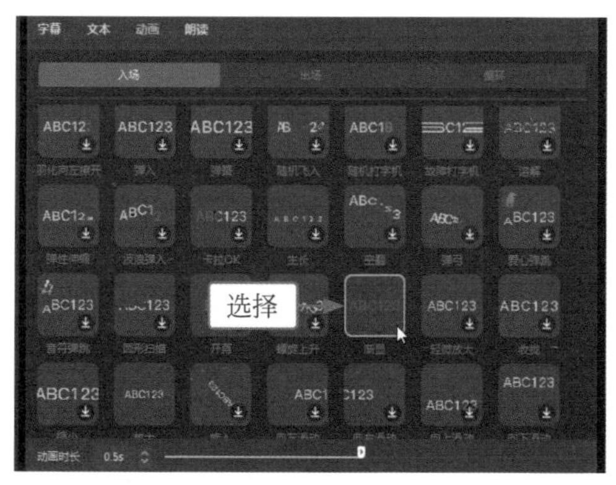

图 11-27　选择“渐显”入场动画

图 11-28　选择“渐隐”出场动画

11.3.2　色度抠图，抠出数字人

如果用户想将某个纯色背景中的人或物抠出来，可以使用“色度抠图”功能，一键抠除背景颜色，只留下需要的素材。另外，用户在使用“色度抠图”功能抠出素材时，还需要设置“强度”和“阴影”参数。需要注意的是，并不是这两个参数越大，抠图效果就越好，用户一定要根据素材的实际情况进行设置。下面介绍在剪映电脑版中运用“色度抠图”功能抠出数字人的具体操作方法。

扫码看视频

01　选择数字人素材，切换至“抠像”选项卡，选中“色度抠图”复选框，单击“取色器”按钮，在画面中的绿色位置进行取样，如图 11-29 所示。

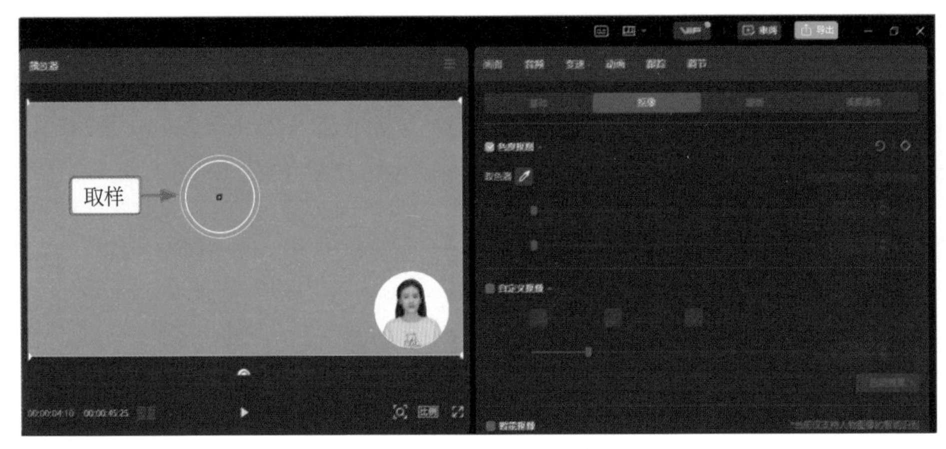

图 11-29　取样画面中的绿色

02　取样完成后，在“色度抠图”选项区中，设置“强度”参数为 70、“阴影”参数为 50，如图 11-30 所示，抠除数字人素材中的绿色，使数字人单独显示。

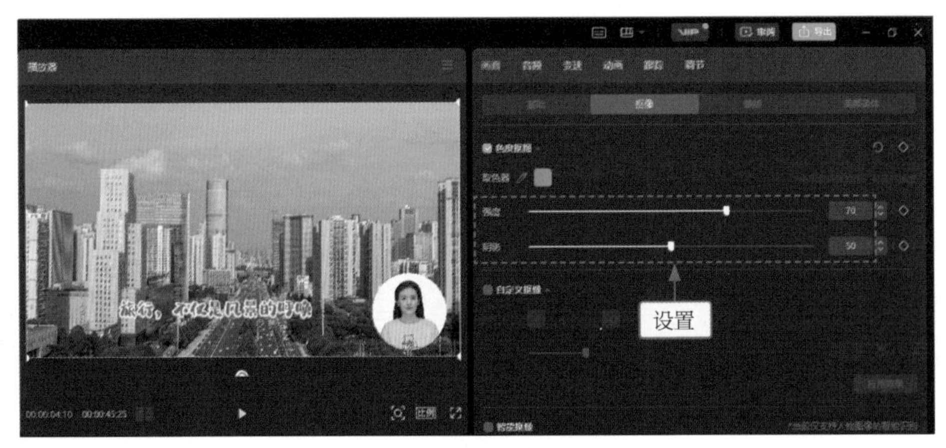

图 11-30　设置参数

11.3.3　美化素材，丰富视频效果

为了让视频效果更丰富、更美观，用户需要对背景素材进行美化，例如添加转场效果、剪辑素材的时长、设置背景样式等。下面介绍在剪映电脑版中美化背景素材的具体操作方法。

扫码看视频

01　在字幕轨道的起始位置，单击“锁定轨道”按钮，如图 11-31 所示，将字幕轨道锁定。

02　拖曳时间轴至第 1 段和第 2 段素材之间，切换至“转场”功能区，在“热门”选项卡中单击“雾化”转场右下角的“添加到轨道”按钮，即可在第 1 段和第 2 段素材之间添加一个转场效果，如图 11-32 所示。

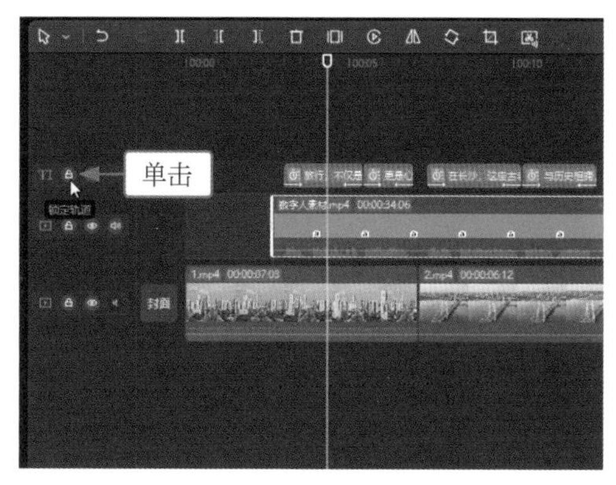

图 11-31　单击“锁定轨道”按钮

图 11-32　添加转场效果

03　在“转场”操作区中，设置“雾化”转场的“时长”参数为 0.5s，单击“应用全部”按钮，即可在剩余的素材之间都添加“雾化”转场，如图 11-33 所示。

04　拖曳时间轴至第 2 段文本的结束位置，拖曳第 1 段素材右侧的白色边框，调整其时长，如图 11-34 所示。

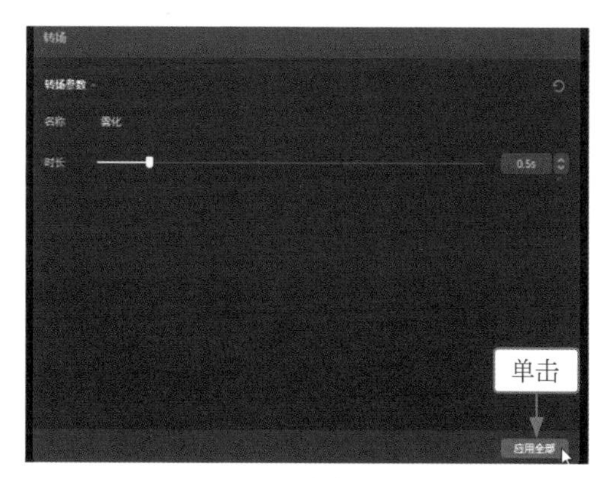

图 11-33　为剩余素材添加转场

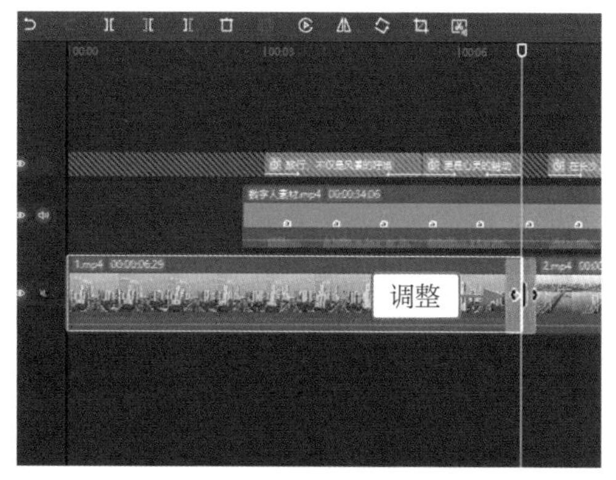

图 11-34　调整素材时长

05　用同样的方法，调整剩余素材的时长，如图 11-35 所示。

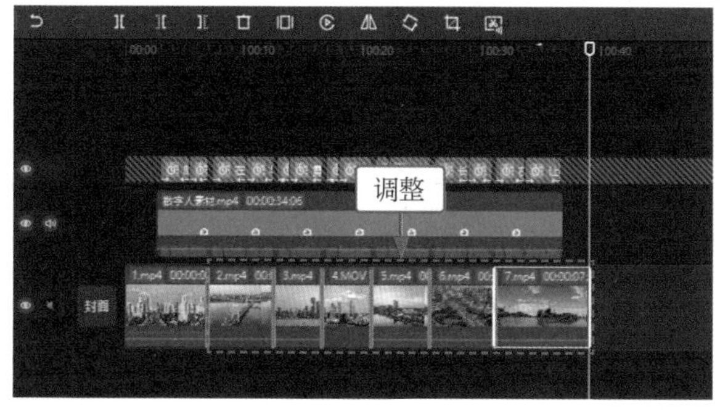

图 11-35　调整剩余素材时长

11.3.4 片头片尾，让视频更完整

扫码看视频

一个好的片头，应该开门见山地展示视频主题；而一个好的片尾，不应该结束得非常快，要为观众留下回味的余地。下面介绍在剪映电脑版中制作片头片尾的具体操作方法。

01 选择第1段视频素材，切换至“动画”操作区，在“入场”选项卡中选择“渐显”动画，设置“动画时长”参数为1.0s，制作出画面渐显的片头，如图11-36所示。

02 拖曳时间轴至视频起始位置，切换至“文本”功能区，在“新建文本”选项卡中单击“默认文本”右下角的“添加到轨道”按钮，为片头添加一段文本，如图11-37所示。

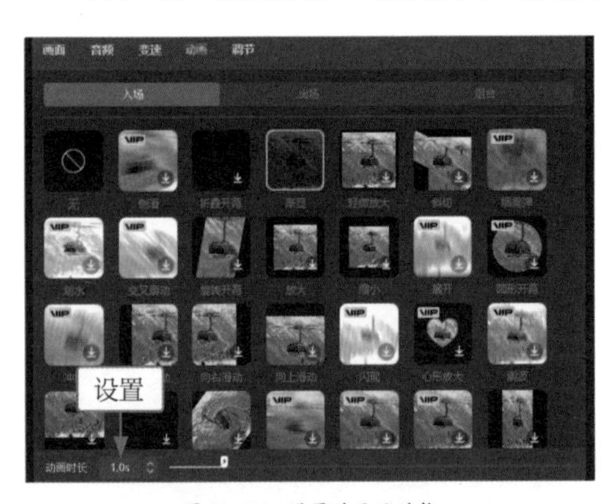

图11-36 设置动画及时长

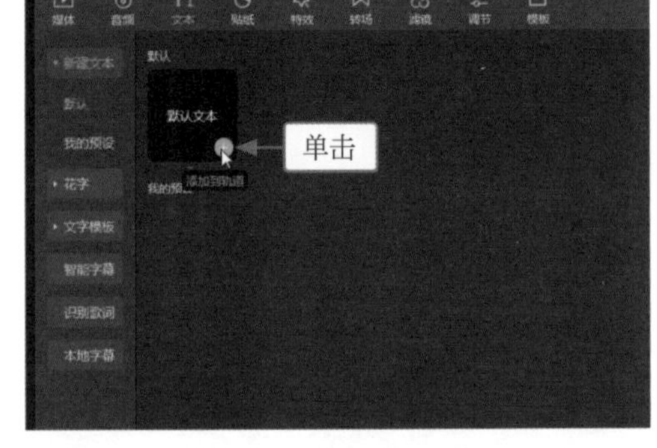

图11-37 为片头添加文本

03 修改片头文本的内容，设置一个合适的文字字体，如图11-38所示。

04 切换至“花字”选项卡，选择一个合适的花字样式，让片头文字更美观，如图11-39所示。

图11-38 设置文字字体

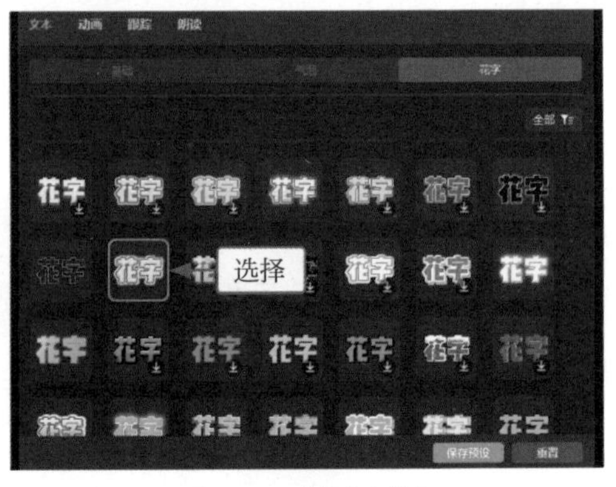

图11-39 选择花字样式

05 切换至“动画”操作区，在“入场”选项卡中选择“晕开”动画，并设置“动画时长”参数为 1.0s，为片头文本添加入场动画，如图 11-40 所示。

06 在“出场”选项卡中选择“渐隐”动画，为片头文本添加出场动画，如图 11-41 所示。

图 11-40　添加“晕开”入场动画

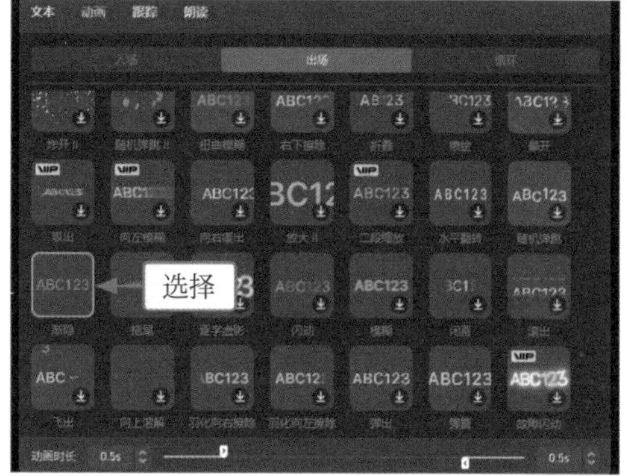

图 11-41　添加“渐隐”出场动画

07 拖曳时间轴至数字人素材的结束位置，切换至“特效”功能区，在“画面特效”|“基础”选项卡中，单击“全剧终”特效右下角的“添加到轨道”按钮，为片尾添加一个特效，如图 11-42 所示。

08 调整“全剧终”特效的时长，即可完成片尾的制作，如图 11-43 所示。

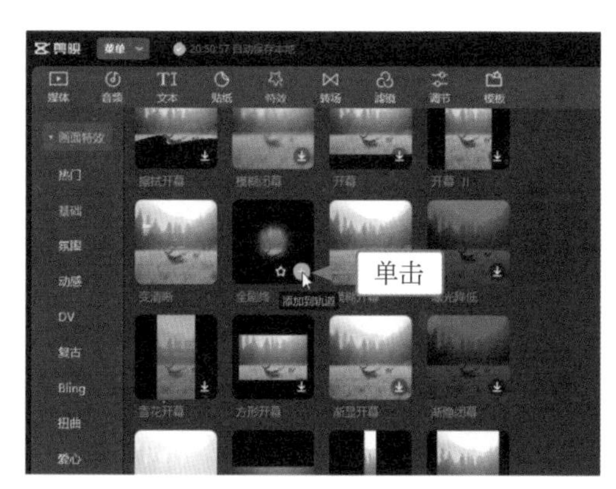

图 11-42　为片尾添加特效

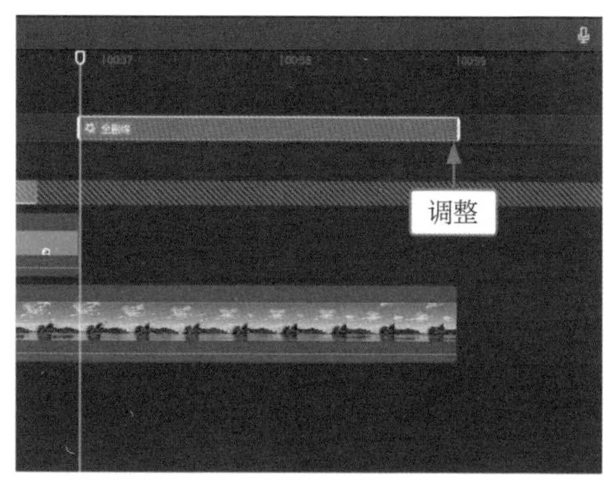

图 11-43　调整特效时长

11.3.5　添加音乐，设置音频效果

在剪映电脑版中，用户可以通过搜索关键词来寻找喜欢的音乐，从而为视频添加背景音乐。另外，用户还可以对背景音乐进行一系列的设置，制作出独特的音频效果。下面介绍在剪映电脑版中添加背景音乐的具体操作方法。

扫码看视频

01 拖曳时间轴至视频起始位置，切换至“音频”功能区，在“音乐素材”选项卡的搜索框中，输入并搜索“欢快钢琴曲”音频，如图 11-44 所示。

02 在搜索结果中单击所选音乐右下角的“添加到轨道”按钮，为视频添加一段背景音乐，如图 11-45 所示。

图 11-44 搜索“欢快钢琴曲”音频

图 11-45 为视频添加背景音乐

03 拖曳时间轴至视频结束位置，单击“向右裁剪”按钮，删除多余的背景音乐，如图 11-46 所示。

04 拖曳时间轴至视频起始位置，在“音频”操作区中，单击“音量”选项右侧的“添加关键帧”按钮，添加第 1 个关键帧，如图 11-47 所示。

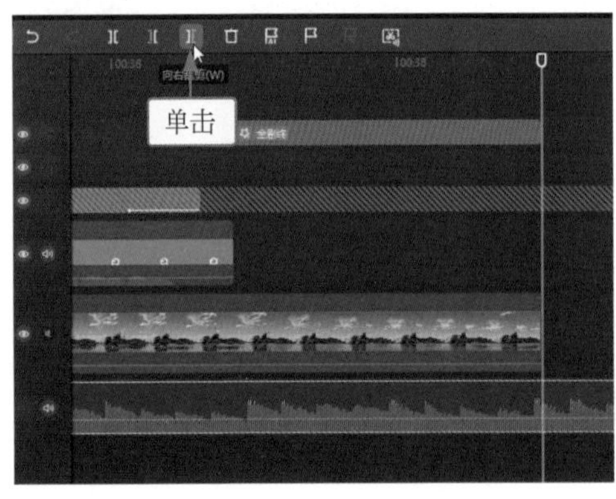

图 11-46 删除多余背景音乐

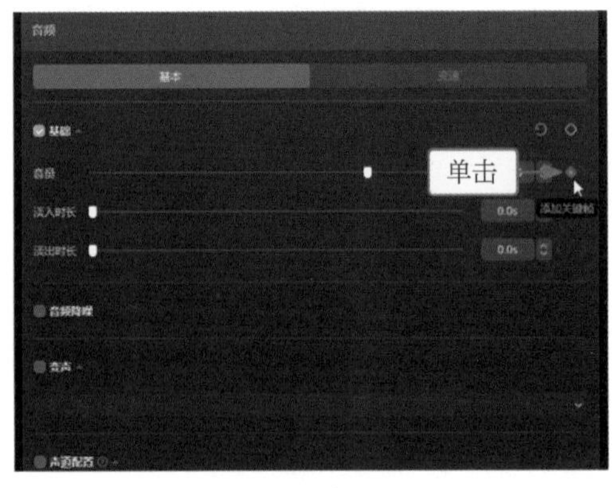

图 11-47 添加第 1 个关键帧

05 拖曳时间轴至数字人素材的起始位置，设置“音量”参数为 -25.0dB，“音量”选项右侧的关键帧按钮会自动被点亮，添加第 2 个关键帧，如图 11-48 所示。

06 拖曳时间轴至最后一段文本的结束位置，单击“音量”选项右侧的“添加关键帧”按钮，添加第 3 个关键帧，如图 11-49 所示。

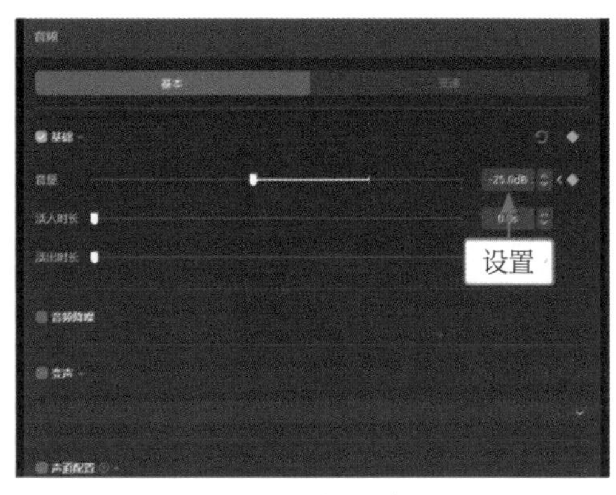

图 11-48　设置音量并添加第 2 个关键帧

图 11-49　添加第 3 个关键帧

07 拖曳时间轴至音频结束位置，设置“音量”参数为 0.0dB，“音量”选项右侧的关键帧按钮会自动被点亮◆，添加第 4 个关键帧，即可完成音量高低变化的制作，如图 11-50 所示。

08 用户还可以设置背景音乐的“淡出时长”参数为 1.0s，为背景音乐添加淡出效果，如图 11-51 所示。

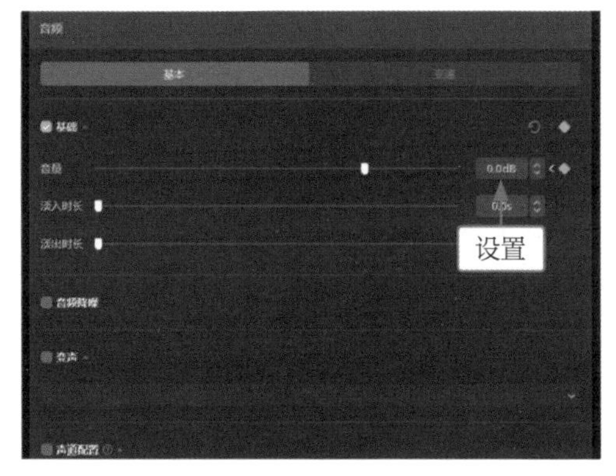

图 11-50　设置音量并添加第 4 个关键帧

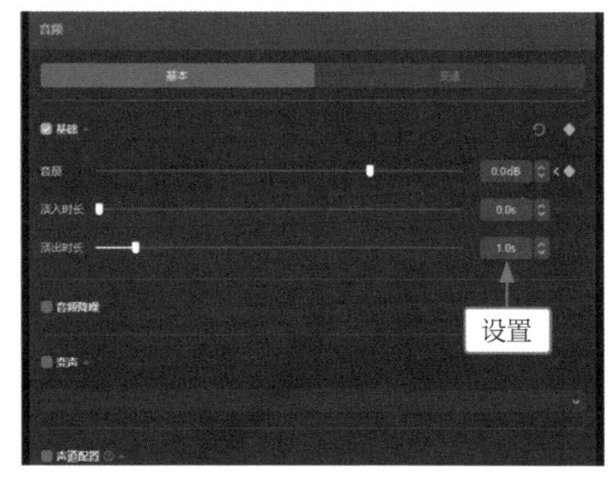

图 11-51　为背景音乐添加效果

第 12 章
AI 演示：进行知识培训

如果用户想借助视频完成知识科普、教育培训等工作，可以根据主题制作一个 PPT 演示视频，这样既能将主题介绍清楚，又比单纯的 PPT 文稿更加生动，更容易让观众看下去。腾讯智影提供的数字人模板可以帮助用户一键生成演示视频，并且配有 AI 数字人口播，让视频效果更加出彩。

12.1　AI 演示，效果欣赏

【效果展示】：腾讯智影内含的数字人资源非常丰富，用户可以选择数字人模板来制作 PPT(PowerPoint，演示文稿或幻灯片）演示视频，效果如图 12-1 所示。

图 12-1　效果展示

12.2　演示视频，操作讲解

本节介绍数字人演示视频的制作全过程，包括选择数字人模板、更改数字人形象、修改视频文本内容、添加背景音乐，以及合成视频效果的操作方法。

12.2.1　选择模板，快速开始创作

扫码看视频

用户可以自行选择数字人形象制作视频，也可以选择腾讯智影提供的不同

主题的数字人模板进行创作。下面介绍在腾讯智影中选择数字人模板的具体操作方法。

01 在“创作空间”页面的“热门创作主题模板”选项区中，选择主题模板，如图 12-2 所示。

02 在弹出的播放窗口中，单击“使用此模板创作”按钮，如图 12-3 所示，即可选择需要的主题模板，进入编辑页面。

图 12-2 选择主题模板

图 12-3 单击“使用此模板创作”按钮

12.2.2 更改形象，设置显示方式

用户可以自由更改模板中数字人的形象，还可以为数字人设置更适合的服装和显示位置。下面介绍在腾讯智影中更改数字人形象的具体操作方法。

扫码看视频

01 在编辑页面中，单击“数字人切换”按钮，如图 12-4 所示。

图 12-4 单击“数字人切换”按钮

02 弹出“选择数字人”对话框，选择合适的数字人，单击“确定”按钮，即可更换第 1 张幻灯片中的数字人，如图 12-5 所示。

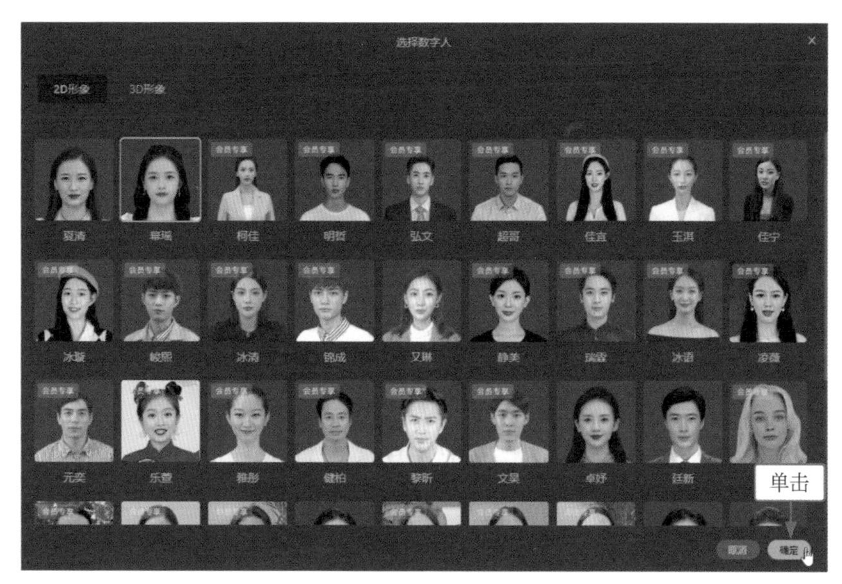

图 12-5　选择数字人

03　切换至“形象及动作”选项卡，设置“服装”为“衬衣”，更换数字人的服装效果，如图 12-6 所示。

04　切换至“画面”选项卡，设置“缩放”参数为 40%、“位置”的 X 参数为 520、Y 参数为 201，调整数字人的显示大小和位置，如图 12-7 所示。

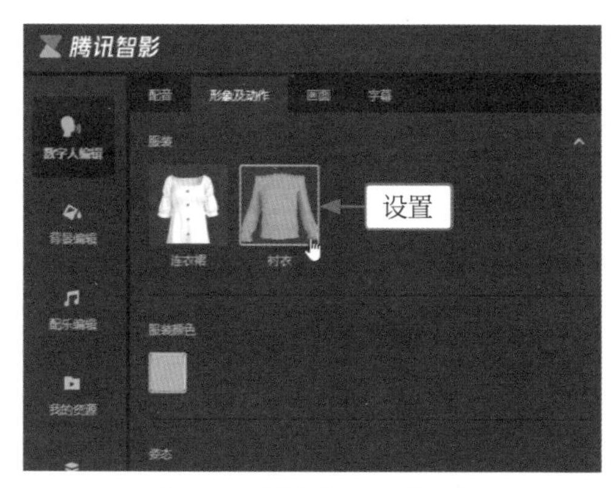

图 12-6　设置数字人的服装效果

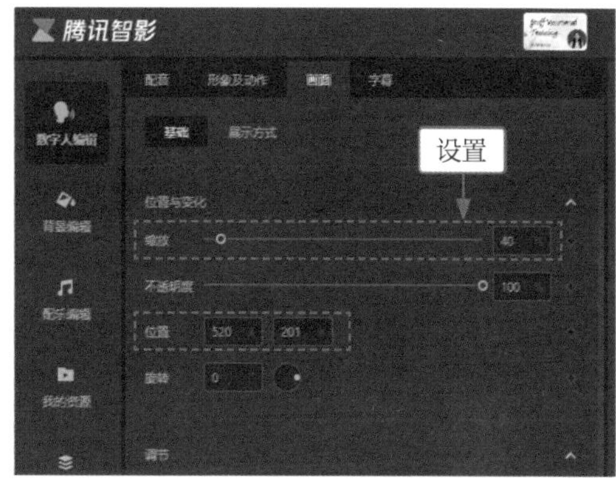

图 12-7　调整数字人的显示大小和位置

05　切换至“画面”｜“展示方式”选项卡，设置“背景填充”为“图片”，如图 12-8 所示。

06　选择一张合适的背景图片，即可更改数字人显示的背景，如图 12-9 所示。

07　用同样的方法，更换第 2 张幻灯片上数字人的类型与服装，设置“缩放”和“位置”参数，并更改数字人的背景样式，如图 12-10 所示。

08　依然用同样的方法，更换第 3 张幻灯片上数字人的类型与服装，设置“缩放”和“位置”参数，并更改数字人的背景样式，如图 12-11 所示。

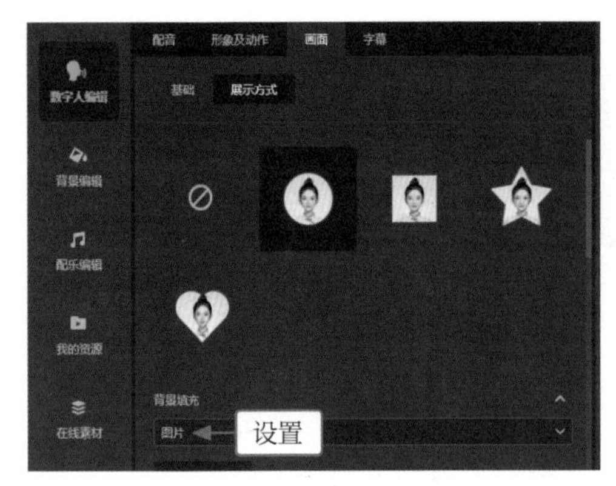

图 12-8　设置背景填充

图 12-9　选择背景图片

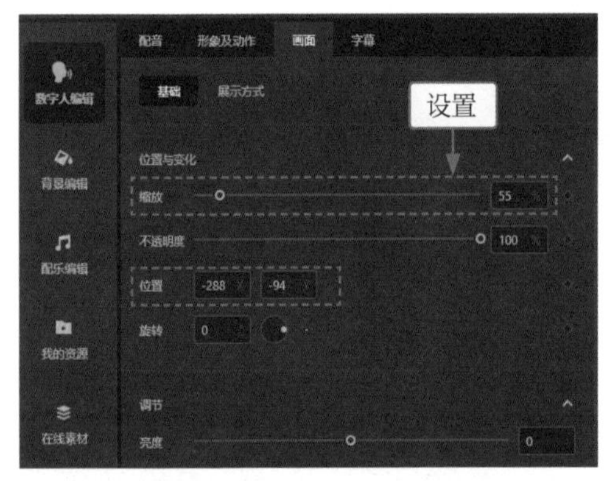

图 12-10　设置第 2 张幻灯片

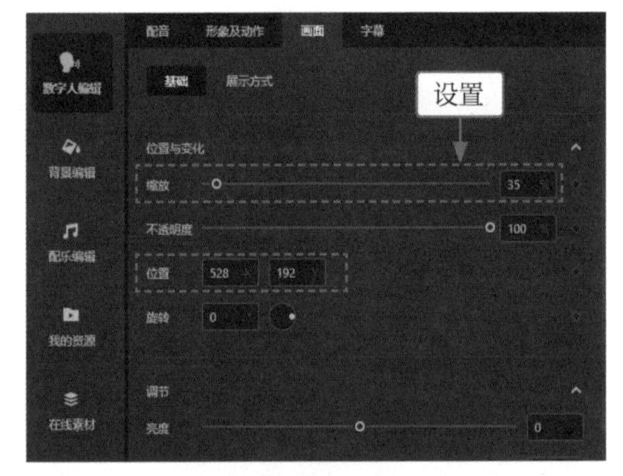

图 12-11　设置第 3 张幻灯片

09 在第 3 张幻灯片的右侧单击“新建页面”按钮，在弹出的列表框中选择“新建空白页”选项，如图 12-12 所示，添加第 4 张幻灯片。

10 更改第 4 张幻灯片的数字人服装，在“配音”选项卡中单击配音音色头像，如图 12-13 所示。

图 12-12　选择“新建空白页”选项

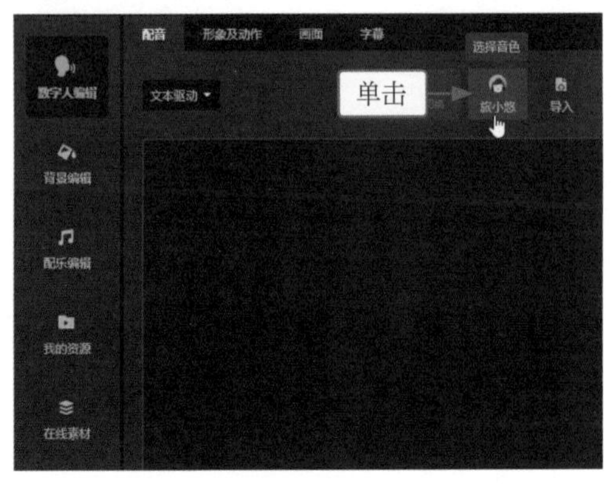

图 12-13　单击配音音色头像

11　在弹出的“数字人音色”面板中，选择与前面 3 张幻灯片相同的音色，单击“确定”按钮，使 4 张幻灯片的配音音色统一，如图 12-14 所示。

图 12-14　统一幻灯片的配音音色

12　切换至“画面”选项卡，设置第 4 张幻灯片中数字人的“缩放”参数为 50%、“位置”的 X 参数为 513、Y 参数为 210，如图 12-15 所示。

13　在“展示方式”选项卡中选择圆形展示方式，如图 12-16 所示，并设置与前面 3 张幻灯片相同的背景样式，适当调整圆形展示框的位置和大小。

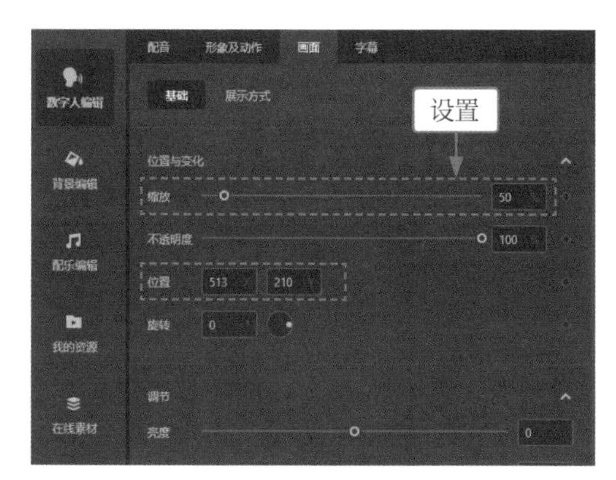

图 12-15　设置第 4 张幻灯片

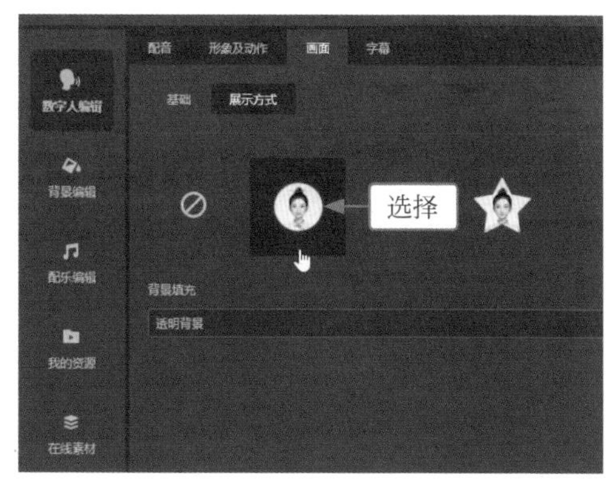

图 12-16　选择圆形展示方式

12.2.3　修改文本，完善视频内容

视频中的文本包括两个部分，一是幻灯片中显示的文字内容，二是数字人的口播文案，用户在制作视频时要确保文字内容和口播文案是相对应的。下面介绍在腾讯智影中修改视频文本内容的具体操作方法。

扫码看视频

01 选择第 1 张幻灯片，在“配音”选项卡中单击文本框，弹出“数字人文本配音”面板，输入口播文案，单击“保存并生成音频”按钮，录入第 1 张幻灯片中的口播内容，如图 12-17 所示。用同样的方法，完成其他 3 张幻灯片中口播内容的录入。

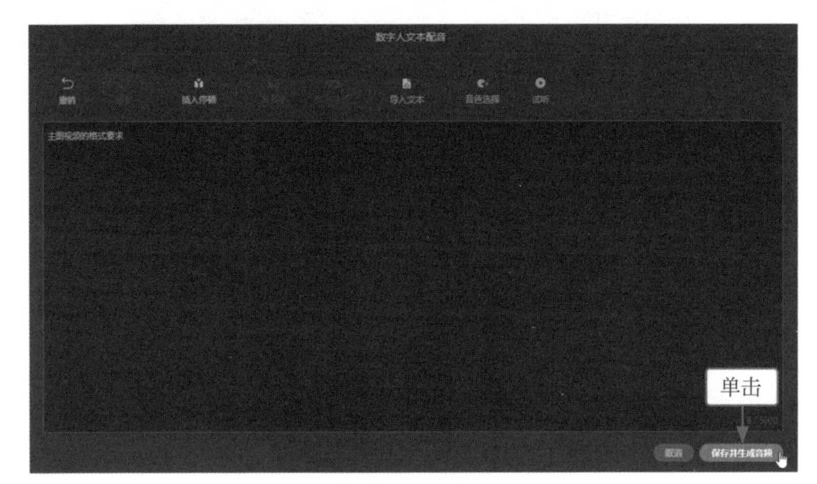

图 12-17　录入第 1 张幻灯片中的口播内容

02 在预览窗口中，单击第 1 张幻灯片中的第 1 个文本框，在左侧的“编辑”选项卡的文本框中更改文字内容，如图 12-18 所示。

03 设置文字的字体、字号参数和预设样式，并单击“左对齐”按钮更改文字的对齐方式，如图 12-19 所示。

图 12-18　更改文字内容

图 12-19　设置文字样式

04 用同样的方法，编辑第 1 张幻灯片中第 2 个和第 3 个文本框中的内容，如图 12-20 所示。

05 依照上述方法，更改第 2 张和第 3 张幻灯片中的文字内容。

06 选择第 4 张幻灯片，在“花字库”｜“花字”选项卡中，单击“普通文本”选项右上角的“添加到轨道”按钮，为第 4 张幻灯片添加一个文本框，如图 12-21 所示。

图 12-20 编辑文本框中的内容

图 12-21 为第 4 张幻灯片添加文本框

07 在“编辑”选项卡中输入文字内容，如图 12-22 所示。

08 设置文字的字体、字号参数和预设样式，单击“左对齐”按钮，完成所有幻灯片文字内容的修改，如图 12-23 所示。

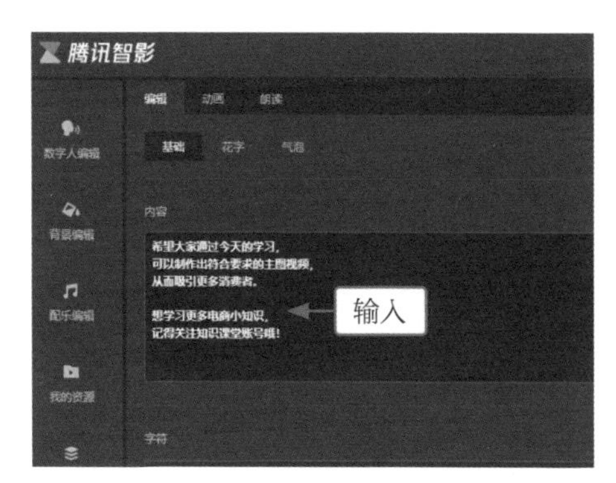

图 12-22 输入文字内容

图 12-23 修改所有幻灯片文字内容

12.2.4 添加音乐，设置音频效果

由于本案例选择的模板没有背景音乐，因此用户需要自行添加合适的音乐。下面介绍在腾讯智影中添加背景音乐的具体操作方法。

扫码看视频

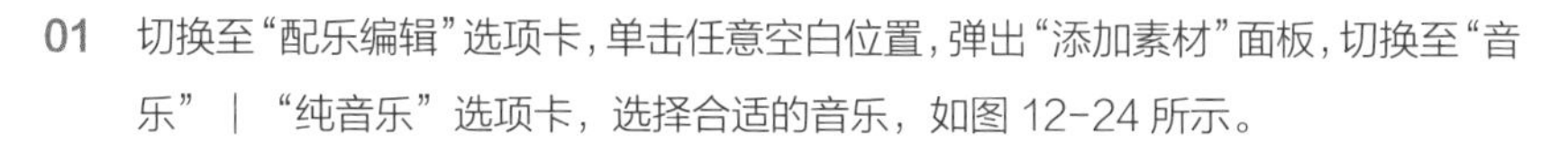

01 切换至“配乐编辑”选项卡，单击任意空白位置，弹出“添加素材”面板，切换至“音乐”｜“纯音乐”选项卡，选择合适的音乐，如图 12-24 所示。

02 弹出“添加素材”面板，播放选择的音乐，单击“添加”按钮，即可为视频添加背景音乐，如图 12-25 所示。

图 12-24　选择合适的音乐

图 12-25　添加背景音乐

03 返回“配乐编辑”选项卡，设置“音量大小”参数为 30%、“淡入时间”参数为 1.0S、“淡出时间”参数为 1.0S，调整背景音乐的音量并添加淡入淡出效果，如图 12-26 所示。

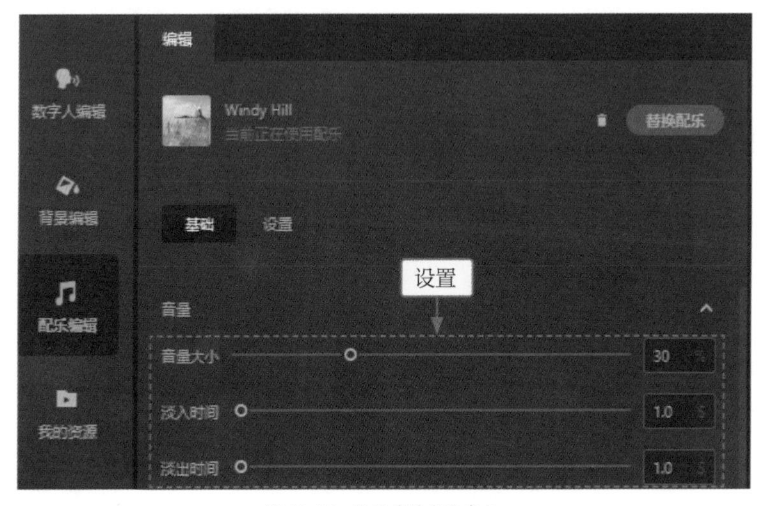

图 12-26　设置背景音乐参数

12.2.5　合成视频，一键导出成品

完成所有操作后，用户就可以将视频进行合成和导出了。下面介绍在腾讯智影中合成视频的具体操作方法。

扫码看视频

01　在页面右上角单击“合成”按钮，如图 12-27 所示。

02　在弹出的“合成设置”对话框中，单击“合成”按钮，开始合成设置，如图 12-28 所示。

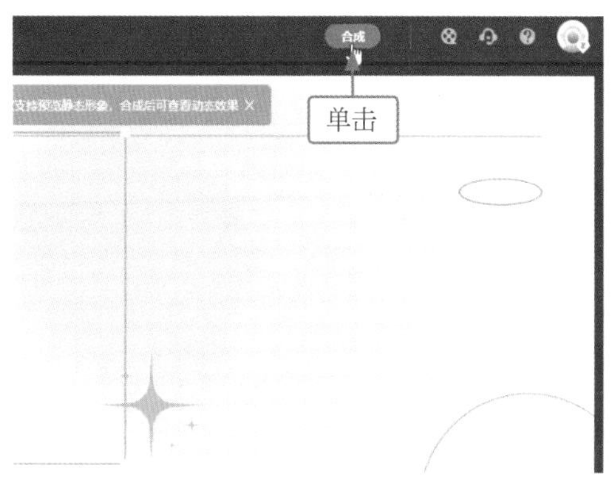

图 12-27　单击“合成”按钮

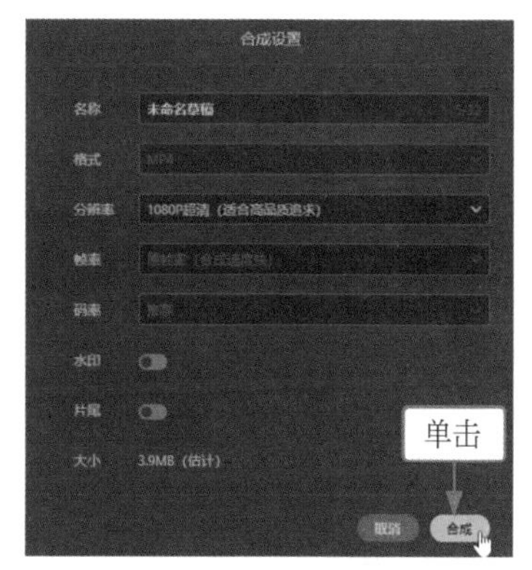

图 12-28　开始合成设置

03　弹出信息提示框，单击“确定”按钮，如图 12-29 所示，即可开始进行视频的合成，并跳转至“数字人播报”页面，在“数字人作品”选项卡中可以查看合成进度。

04　合成结束后，在视频的右侧单击“下载视频”按钮，如图 12-30 所示，在弹出的“新建下载任务”对话框中设置视频的名称和保存位置，单击“下载”按钮，即可将视频下载到本地文件夹中。

图 12-29　进行视频的合成

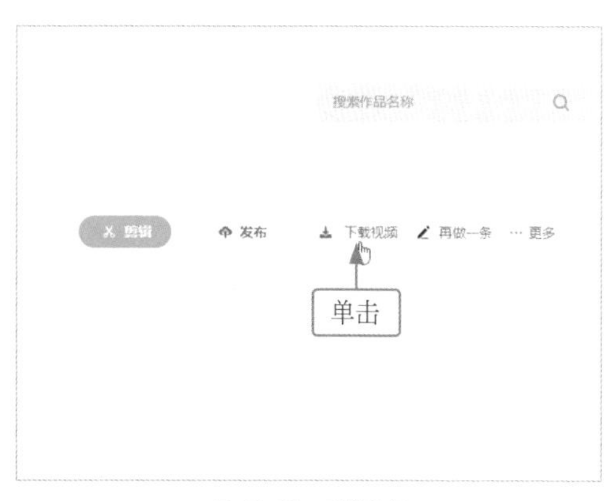

图 12-30　下载视频

第 13 章

AI 广告：生成主图视频

在网上购物的人都知道，我们只能通过观看商品的“视觉效果”来选择和购买。因此，商家要想提升商品的销量，主图视频的制作是至关重要的。我们可以借助 FlexClip 中的视频模板和 AI 功能，又快又好地完成主图视频的制作，从而提高商品的流量和销量。

13.1 AI 广告，效果欣赏

【效果展示】：FlexClip 作为一个功能全面、操作简单的在线剪辑网站，可以帮助用户轻松完成各类商品广告的制作。头戴式蓝牙耳机主图视频的制作，效果如图 13-1 所示。

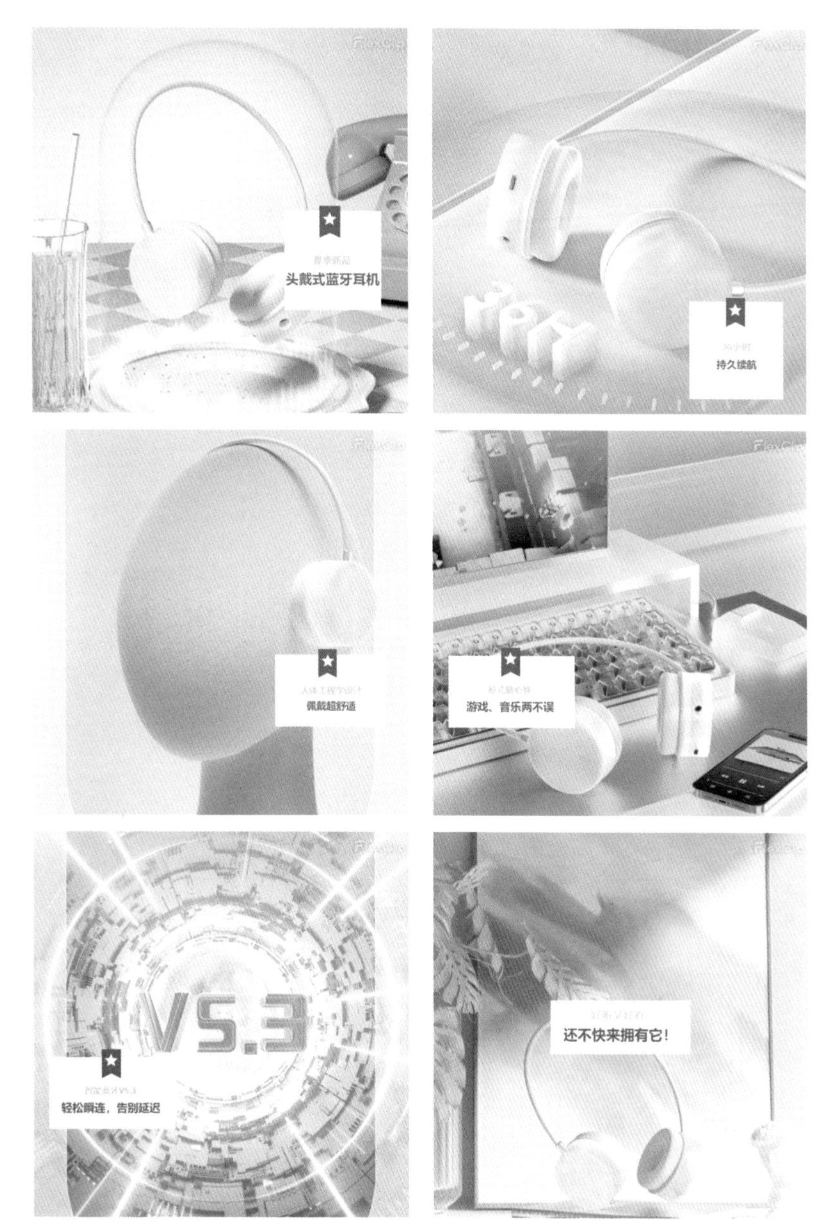

图 13-1 效果展示

专家提醒

主图视频，顾名思义，就是在主图前面的视频，位于主图的第 1 个位置。人类大脑接收信息的偏好为视频 > 图片 > 文字，视频更能全方位地传递商品的信息。

13.2 主图视频，操作讲解

本节介绍运用 FlexClip 制作头戴式蓝牙耳机主图视频的方法，包括一键生成主图视频、设置视频比例、更换商品素材、编辑视频文案、生成 AI 配音、更改背景音乐和导出视频成品的操作方法。

13.2.1 一键生成，选择合适模板

FlexClip 提供了个人、商业 & 服务、创意、社交媒体和社区这五大类视频模板，在不同大类下还细分了具体用途和种类的视频模板，用户可以轻松地找到所需模板，并一键完成使用和生成。下面介绍在 FlexClip 一键生成主图视频的具体操作方法。

扫码看视频

01 登录 FlexClip 平台并进入“个人中心”页面，单击“商业 & 服务”右侧的下拉按钮，在弹出的列表框中选择“电商”选项，如图 13-2 所示。

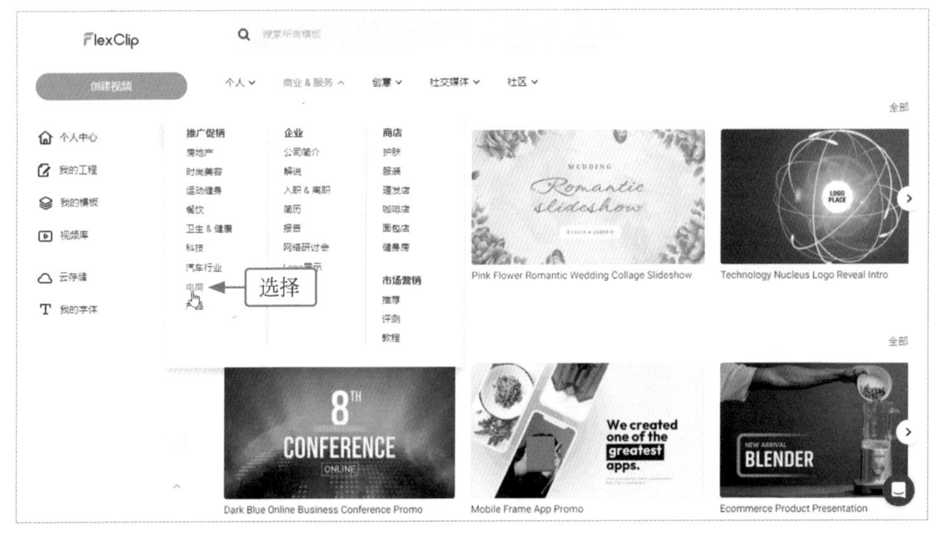

图 13-2 选择“电商”选项

02 执行操作后，会显示所有的电商视频模板，将鼠标移至选中的模板上，在弹出的工具栏中单击“定制”按钮，如图 13-3 所示。

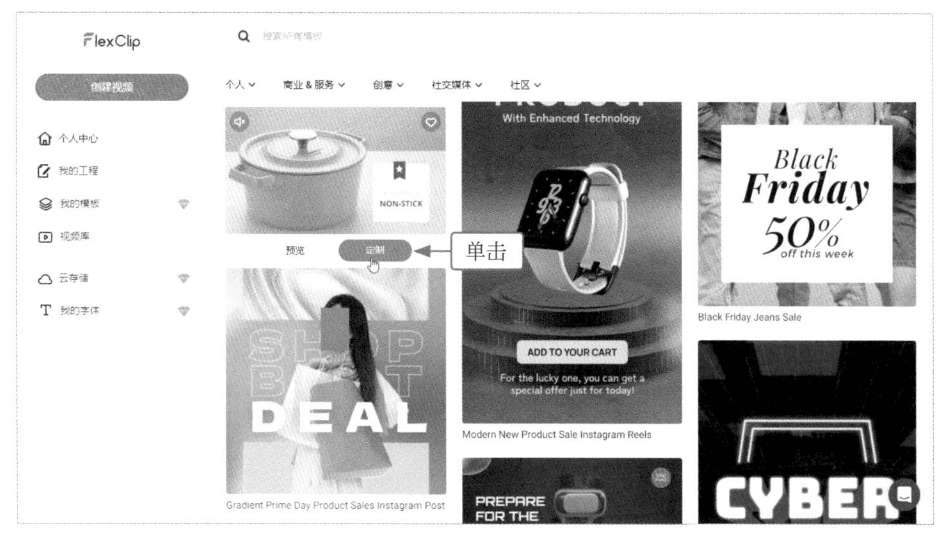

图 13-3　选择电商视频模板

专家提醒

FlexClip 为英文平台，用户可以使用浏览器的翻译功能，将其界面翻译为中文，从而便于理解其中的功能并进行操作。

03 执行操作后，即可生成视频，如图 13-4 所示。

图 13-4　生成视频

13.2.2 设置比例，修改横纵比

主图视频的横纵比与主图类似，通常为 1:1，特殊情况下也可以使用 16:9 或 3:4 的横纵比。下面介绍在 FlexClip 中设置视频比例的具体操作方法。

01 在视频编辑页面中，单击左上角的 16:9(此处为视频模板的默认横纵比) 按钮，如图 13-5 所示。

02 执行操作后，在弹出的列表框中选择 1:1 选项，如图 13-6 所示。

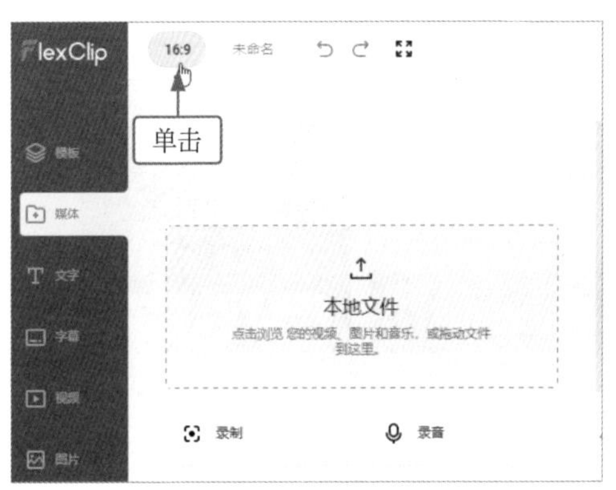

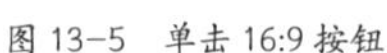
图 13-5 单击 16:9 按钮

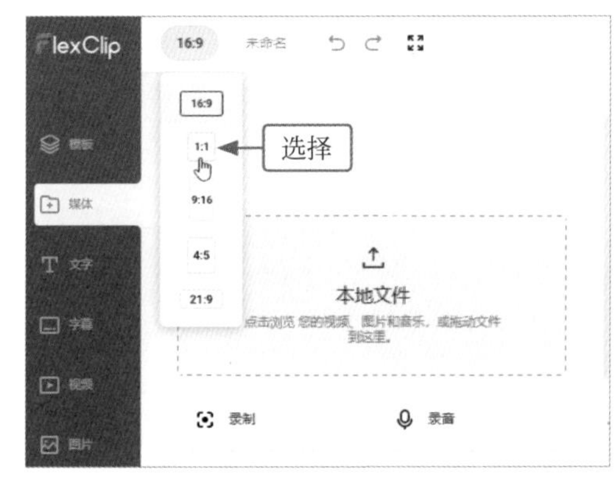

图 13-6 选择 1:1 选项

03 执行操作后，即可完成视频比例的设置，在预览窗口中可以查看更改后的视频效果，如图 13-7 所示。

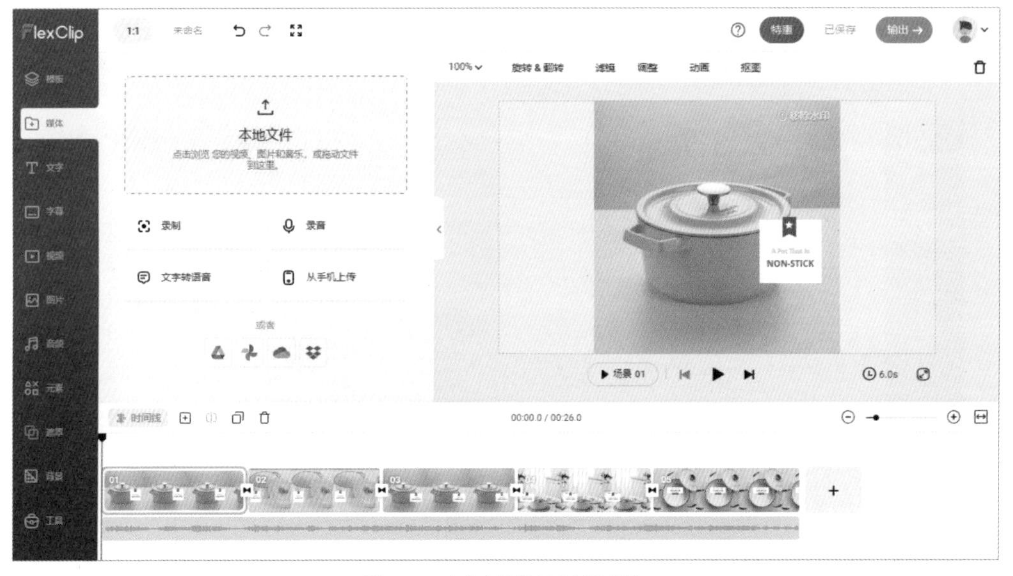

图 13-7 改变主图视频比例的效果

13.2.3　替换素材，上传商品图片

用户想制作主图视频，就需要将模板中的素材替换成自己准备的商品图片。下面介绍在 FlexClip 中替换商品素材的具体操作方法。

01　在“媒体”选项卡中，单击“本地文件”按钮，如图 13-8 所示。

02　在弹出的“打开”对话框中，选择商品图片素材，如图 13-9 所示。

图 13-8　单击“本地文件”按钮

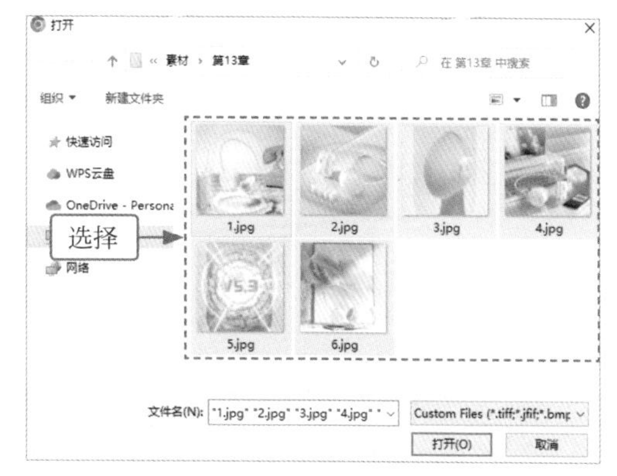

图 13-9　选择商品图片素材

03　单击“打开”按钮，即可将所有素材上传到“媒体”选项卡中，效果如图 13-10 所示。

04　由于视频模板只有 5 个场景，但是素材有 6 张，因此用户需要增加一个场景，在第 4 段场景上单击鼠标右键，在弹出的快捷菜单中选择“复制”选项，如图 13-11 所示，即可将其复制并粘贴一份，使场景数量与素材数量一致。

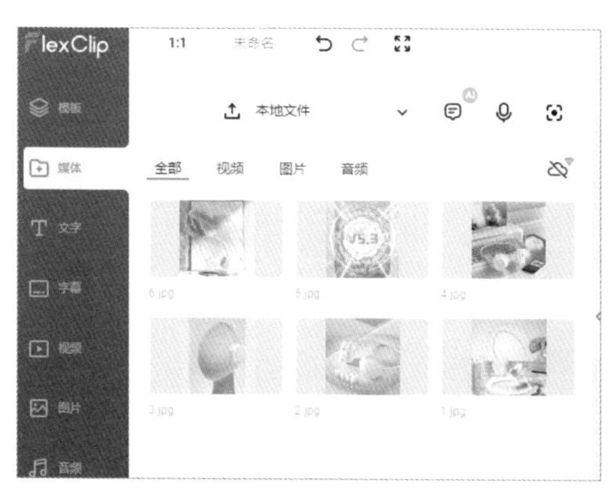

图 13-10　上传图片的效果

图 13-11　复制场景

05　使用鼠标左键按住第 1 张图片，将其拖曳至第 1 段场景中，如图 13-12 所示。

06　释放鼠标左键，即可替换第 1 段场景中的图片，效果如图 13-13 所示。用同样的方法，替换其他 5 段场景中的图片。

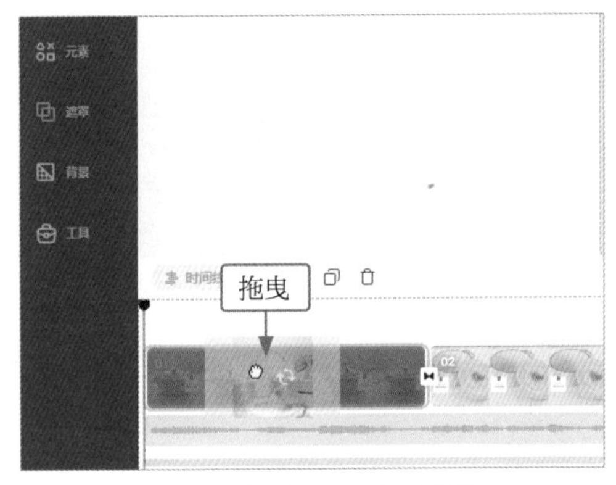

图 13-12　将图片拖曳至第 1 段场景中

图 13-13　替换图片的效果

13.2.4　修改文案，匹配画面内容

由于已经更换了模板中的素材，因此模板中的文案也不再与素材相匹配，用户需要根据素材对文案进行修改。下面介绍在 FlexClip 中修改视频文案的具体操作方法。

扫码看视频

01　在预览窗口中，双击第 1 个场景中的第 1 行文字，如图 13-14 所示。

02　在左侧的文本框中删除模板中的文字内容，重新输入与素材匹配的文字内容，如图 13-15 所示。

图 13-14　双击文案

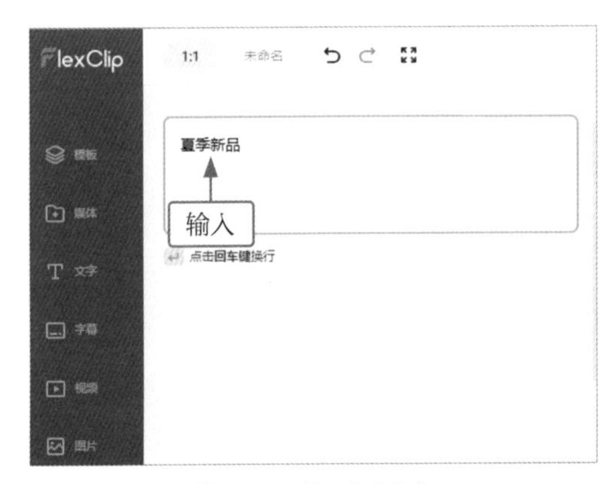

图 13-15　输入文字内容

03　用同样的方法，修改其他场景中的文字内容，效果如图 13-16 所示。

04　在预览窗口中，单击第 6 段场景中的文本，在弹出的工具栏中单击“删除”按钮，删除多余文本，如图 13-17 所示。

图 13-16　修改其他文字内容

图 13-17　删除多余文本

05　按住 Ctrl 键，在预览窗口中选中第 2 段场景中的文本框的所有素材，在弹出的工具栏中单击“组合”按钮，如图 13-18 所示，使文本框变成一个整体，从而方便调整文本框的位置。

06　在预览窗口中，调整第 2 段场景中的文本框的位置，如图 13-19 所示，使其不再遮挡图片的重要信息。

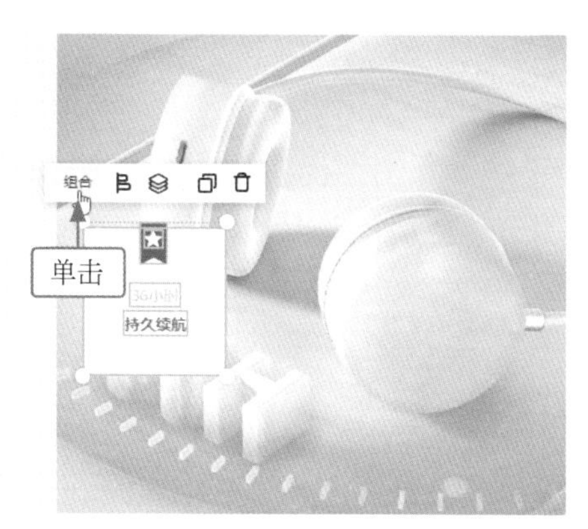

图 13-18　单击“组合”按钮

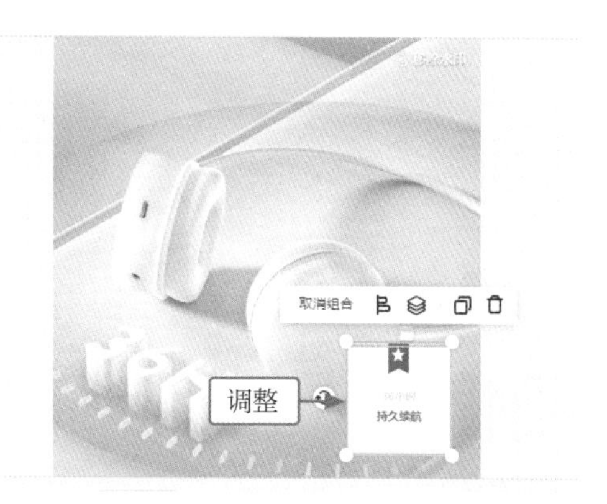

图 13-19　调整文本框的位置

13.2.5　AI配音，文字转语音

运用 FlexClip 的“文字转语音”功能，可以将文字内容转换为语音，从而为主图视频添加语音旁白，帮助消费者更好地了解商品，促使他们对商品产生兴趣。下面介绍在 FlexClip 中生成 AI 配音的具体操作方法。

扫码看视频

01　拖曳时间轴至 00:01.0，在“媒体”选项卡中，单击上方的“文字转语音”按钮，如图 13-20 所示。

02 进入“文字转语音”选项区，单击“语音”中的下拉按钮，在弹出的列表框中选择配音音色，如图 13-21 所示。

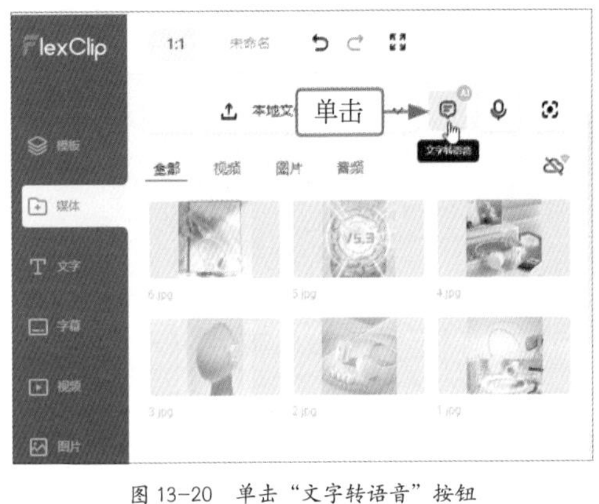

图 13-20 单击“文字转语音”按钮

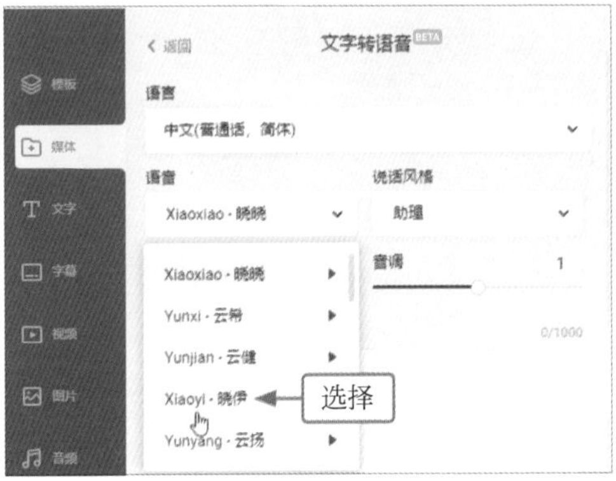

图 13-21 选择配音音色

03 用同样的方法，设置“说话风格”为“欢快”，如图 13-22 所示。

04 在“文字”下方的文本框中输入相应文字内容，单击“保存到媒体库”按钮，如图 13-23 所示，即可生成对应的配音音频，并显示在“媒体”选项卡中。

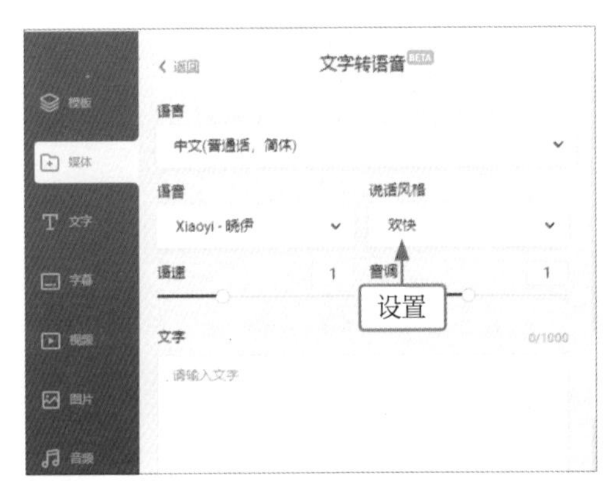

图 13-22 设置说话风格

图 13-23 单击“保存到媒体库”按钮

05 在“媒体”选项卡中，将鼠标移至配音素材上，单击“添加为场景”按钮，如图 13-24 所示。

06 将配音素材添加到“时间线”窗口中的相应位置，如图 13-25 所示。

07 用同样的方法，再生成多段配音音频，并添加到合适位置，如图 13-26 所示。

08 选择第 3 段场景，拖曳其右侧的白色拉杆，调整其时长，使其结束位置对准第 3 段配音素材的结束位置，如图 13-27 所示。

09 根据配音素材的时长调整场景的时长，并调整最后一段配音素材的位置，如图 13-28 所示。

图 13-24 单击“添加为场景”按钮

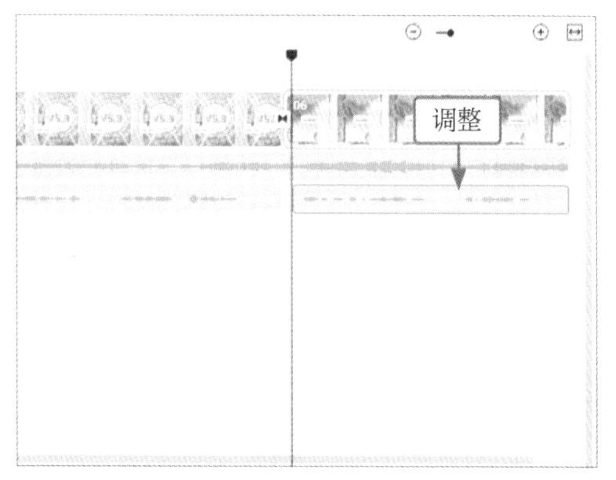

图 13-25 将配音素材添加到“时间线”窗口

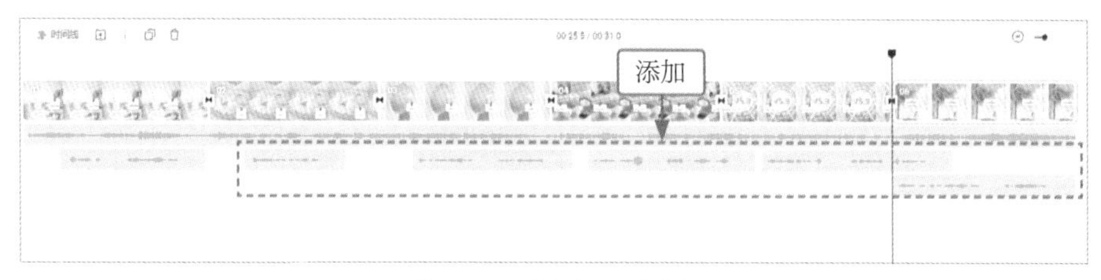

图 13-26 添加多段配音音频

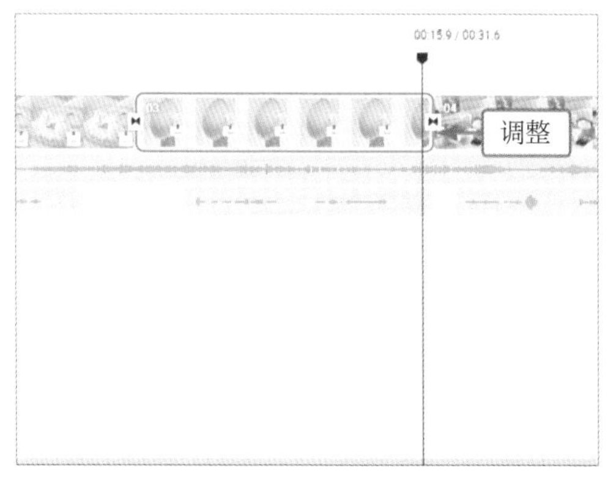

图 13-27 调整场景的时长

图 13-28 调整配音素材的位置

13.2.6 设置音量，提供更好体验

除了为视频更换背景音乐，用户还需要对背景音乐和配音素材的音量进行设置，从而使这两种音频不会互相干扰，为观众提供更好的听觉体验。下面介绍在 FlexClip 中设置背景音乐和配音素材的音量参数的具体操作方法。

01 选择背景音乐，单击“删除”按钮🗑，删除模板自带的背景音乐，如图 13-29 所示。

02 拖曳时间轴至视频起始位置，切换至“音频”选项卡，在“音乐”选项卡中单击所选音乐右下角的“添加到时间线”按钮⊕，为视频添加新的背景音乐，并自动将音乐的时长调整为与视频时长一致，如图 13-30 所示。

图 13-29 删除原背景音乐

图 13-30 添加新的背景音乐

03 在“时间线”窗口的上方单击“音量”按钮🔈，在弹出的面板中设置“音量”参数为 19，降低背景音乐的音量，如图 13-31 所示。

04 全选所有配音素材，单击“音量”按钮🔈，在弹出的面板中设置“音量”参数为 100，如图 13-32 所示，使配音音频的音量更大、效果更突出，完成背景音乐和配音音频的音量高低设置。

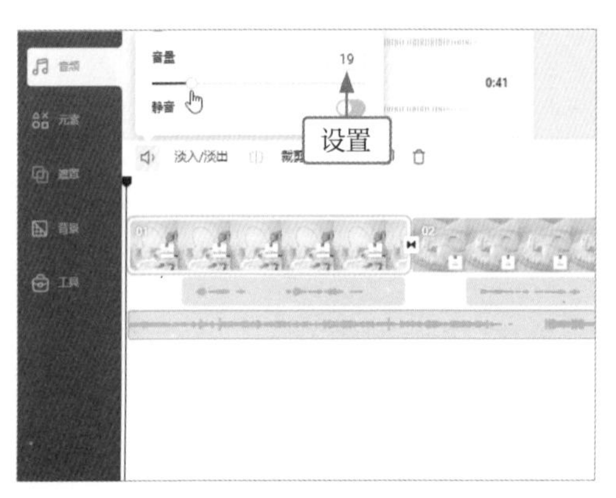

图 13-31 设置降低背景音乐的音量

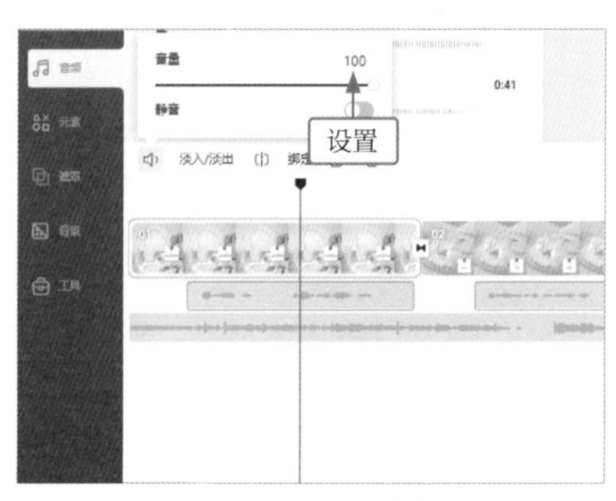

图 13-32 设置调整配音音频

13.2.7 输出成品，合成视频效果

完成视频的制作后，用户可以将视频成品进行合成和输出。下面介绍在 FlexClip 中输出视频成品的具体操作方法。

01 在页面的右上角单击“输出”按钮，弹出相应面板，单击“带水印输出”按钮，如图 13-33 所示。

02 执行操作后，进入合成页面，显示视频合成的进度，如图 13-34 所示。合成结束后，视频会自动被下载到本地文件夹中。

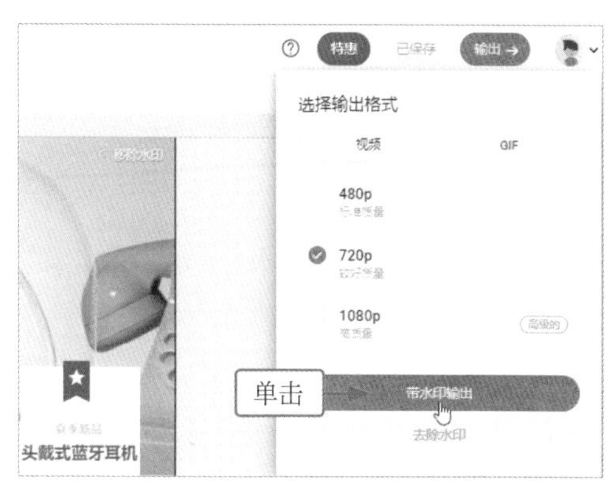

图 13-33 单击“带水印输出”按钮

图 13-34 显示合成进度

专家提醒

如果用户想导出 1080p 的无水印视频，需要订阅 FlexClip 的会员服务；如果用户对视频没有非常严格的要求，就保持系统的默认设置进行输出即可。